徐凤龙先生，1964年12月生，吉林榆树人。工商管理硕士研究生，国家茶艺师高级考评师，吉林省茶文化研究会会长，北京联合大学易学与经济发展中心特约研究员。毕业于东北师范大学美术系，读书期间勤奋刻苦，长于国画，喜寄情山水。改革开放后，创办装饰公司，屡创佳绩。但徐先生时时不能忘怀自己的文化情结，于1999年创建了吉林省第一家以古典传统风格为主调的雅贤楼茶艺馆，兢兢业业，开始了对茶文化的深入探讨与研究。2003年5月，徐先生与妻子张鹏燕共同编撰国家职业资格培训鉴定教材《茶艺师》，并以雅贤楼为基础，成立了吉林省雅贤楼茶艺师学校，为社会培养了大批专业茶艺人才。十余年来，夫妇二人醉心于茶文化的研究和传播，已陆续出版了《茶艺师》《在家冲泡工夫茶》《饮茶事典》《寻找紫砂之源》《普洱溯源》《识茶善饮》《第三只眼睛看普洱》《中国茶文化图说典藏全书》《凤龙深山找好茶》《深山寻古茶》《人参普洱》……为中国茶文化及人参文化的发展做出了突出贡献。

如今，徐先生以数十年来在全国茶区采访考察取得的丰富经验，深入长白山区调研考察人参资源，取得大量一手资料，如实地把百草之王人参的真实面目呈现在世人面前，《参藏长白山》是徐先生为家乡长白山区的人参文化发展贡献的一份大礼！

2017年5月

藏长白山

徐凤龙 著

吉林科学技术出版社

图书在版编目（CIP）数据

参藏长白山 / 徐凤龙著. -- 长春：吉林科学技术出版社，2017.10
ISBN 978-7-5578-2252-1

Ⅰ. ①参… Ⅱ. ①徐… Ⅲ. ①人参－栽培技术 Ⅳ. ①S567.5

中国版本图书馆CIP数据核字（2017）第077157号

参藏长白山
SHEN CANG CHANGBAISHAN

著	徐凤龙
出 版 人	李 梁
责任编辑	端金香 李思言
摄 影	张 熙 李 杰
封面设计	吉林省同时文化传媒有限公司
制 版	吉林省同时文化传媒有限公司
开 本	889mm×1194mm 1/24
字 数	320千字
印 张	18
印 数	1-20 000册
版 次	2017年10月第1版
印 次	2017年10月第1次印刷

出 版	吉林科学技术出版社
发 行	吉林科学技术出版社
地 址	长春市人民大街4646号
邮 编	130021
发行部电话/传真	0431-85635177 85651759 85651628
	85677817 85600611 85670016
储运部电话	0431-84612872
编辑部电话	0431-85610611
网 址	http://www.jlstp.com
印 刷	吉广控股有限公司

书 号	ISBN 978-7-5578-2252-1
定 价	68.00元

如有印装质量问题 可寄出版社调换
版权所有 翻版必究 举报电话：0431-85610611

感谢紫鑫药业友情支持！

我与长白山人参

长白山，广义上讲是我国的辽宁、吉林、黑龙江三省东部山地以及俄罗斯远东和朝鲜半岛诸多余脉的总称，常规来讲是指位于吉林省东南部地区，东经127°40′~128°16′，北纬41°35′~42°25′之间的地带，是中朝两国的界山。

长白山脉是松花江、图们江和鸭绿江的发源地，不但有神秘的传说，美丽的天池，丰富的物产，更有广袤森林下那神奇的百草之王——人参。

我作为土生土长在长白山脚下的吉林人，从小就是听着父辈们讲述各种有关人参的故事长大的。成人后着迷于中国茶文化的传播，十几年来数次深入全国产茶区域实地考察，尤其对云南古茶树资源情有独钟，成为名副其实的茶文化传播者。

近些年，身边经常有关注长白山人参的朋友来雅贤楼品茶，谈话间不乏对人参文化的传播表示担忧，这也提醒了我，多年来深入大山的考察与写作，已经使我对原始森林中的物种考察积累了丰富的实践经验，"实录"和"亲见"的风格，也让我越发想对家乡的"长白山人参"做些实地的考察记录和研究工作。这不单是兴趣使然，亦是一种使命，当我所著的二十几部茶文化图书受到全国各地广大茶友们的认同，生长在长白山脚下的我是否也应该为家乡做点力所能及的贡献呢？

然而，历史上只有皇帝贵族才能享用的百草之王——长白山人参，如今虽然能够走进寻常百姓家，却被卖出了白菜价，我不甘心，这到底是什么原因呢？

我们在日常生活中，经常会听到一些不明就里的人说，是吉林省抚松县连年举办人参节，来参观的人看到成片的人参园，导致了人参价格的下跌，真的是这样吗？

在长达3年的实地考察采访过程中，我看到长白山区并不是到处都有人参园，因为人参这种神奇的植物对生长环境要求极其苛刻，长白山区的人参种植是毁林开垦参园，并且，人参种植的轮作周期是30多年，也就是说，毁林开垦参园生长两三年后，这片林地再想种植人参这种神奇的植物，还得等30年之后，所以，长白山区适合种植人参的林地并不是很多，也就不会到处都有人参园。即便有一些人参园，吉林省年产干参也不过3000多吨，这已经占中国人参总产量的85%以上，占世界人参总产量的65%以上。因为世界上只有3个地域能生长人参这种神奇的植物，那就是中国的长白山人参、美国加拿大的西洋参、韩国的高丽参，相对于全球的人参消费者来说，这点儿人参产量是远远不够用的。

为什么这么好的被历代医界誉为百草之王的长白山人参却卖不出好价格？仔细分析一下，应该有一部分国际政治因素在起作用。

1989年是人参市场的一个分水岭。此前，中国人参与韩国高丽参在国际市场价格旗鼓相当，差距并不是很大。当时，长白山人参部分供应国内制药等内需，主要还是出口贸易。1989年之后，西方国家对我国进行长时间的经济封锁，人参也位列其中，没有出口的长白山人参造成了严重的供大于求的局面，价格自然下降。而此时，国际市场对人参的需求空间还是很大的，韩国人参自然变成了宝贝，价格也一路攀升。

当然了，国人对人参消费也存在误区，认为吃人参上火，并且不得法，这也大大限制了人参的消费。2012年，国家相关部门把长白山区生长5年及5年以下的园参，列为新资源食品，允许药食同源，为长白山人参打开了一扇充满光明的大门，这也是我下决心历时3年深入长白山区考察人参资源，让更多的人了解这神奇的百草之王——人参的动力所在。

带着对这种神秘植物的无限向往，2014年4月中旬，我带领"参藏长白山"考察团，从北国春城长春出发，前往位于长白山腹地吉林省辖区的集安、临江、长白、抚松、靖宇、敦化、安图、珲春等人参主产区，由此开启了我长达3年、行程1.5万多千米的长白山人参考察之旅。在长达3年的跟踪考察活动中，我见证了从人参园地整理、种子发芽、播种、移栽、掐花、收籽、作货等人参种植的全过程,体验了延续至今的"放山"活动,又走访了加工厂,考察人参的深加工情况。

本书是我的考察实录,希望为关注、喜爱并想深入了解长白山人参的朋友们提供一些一手资料,也为生我养我的家乡尽一些绵薄之力。

在版式设计上,图书的左下角设计人参图案,以《周易》的思想看,左下角艮位主东北,人参生于东北;在篇章结构上,全书共四篇,意一年四季轮回。

书中运用手机"鼎e鼎"APP识读鼎九码将寻访期间的视频资料植入书内,可以使您在阅读时通过视频更添身临其境之感,此技术融合了二维码编码、信息安全和防伪技术,实现了"一物一码、一码一密"的安全性,保护您的信息安全,可放心使用。

在此,衷心感谢在这3年之中帮助、支持我的考察队战友、朋友、亲人,这本书是我们共同的智慧结晶,祝福各位安康吉祥!

目录 CONTENTS

17 第一章 参观人参博物馆

博物馆探人参史⋯⋯⋯⋯⋯⋯⋯ 19
最早人参文字记⋯⋯⋯⋯⋯⋯⋯ 20
最早人参药用记⋯⋯⋯⋯⋯⋯⋯ 21
人参演变别名多⋯⋯⋯⋯⋯⋯⋯ 22
最早人参环境记⋯⋯⋯⋯⋯⋯⋯ 24
人参主产区变迁⋯⋯⋯⋯⋯⋯⋯ 26
人参的各种形态⋯⋯⋯⋯⋯⋯⋯ 29
放山把头之传说⋯⋯⋯⋯⋯⋯⋯ 31
老把头与人参王⋯⋯⋯⋯⋯⋯⋯ 33
采挖人参的歌谣⋯⋯⋯⋯⋯⋯⋯ 34
人参史上众传说⋯⋯⋯⋯⋯⋯⋯ 35
人参栽培始中国⋯⋯⋯⋯⋯⋯⋯ 37
渤海"朝贡道"事记⋯⋯⋯⋯⋯⋯ 40
渤海"朝贡人参"记⋯⋯⋯⋯⋯⋯ 44
中国人参在国外⋯⋯⋯⋯⋯⋯⋯ 45
中国人参贸易史⋯⋯⋯⋯⋯⋯⋯ 46
近代人参贸易广⋯⋯⋯⋯⋯⋯⋯ 47
关东人参交易市⋯⋯⋯⋯⋯⋯⋯ 47
抚松人参栽培史⋯⋯⋯⋯⋯⋯⋯ 48

53 第二章 遍访山区养参地

一进参山初体验⋯⋯⋯⋯ 55
人参怎么种　春夏又秋冬⋯⋯⋯ 55
抚松万良镇　高升村主任⋯⋯⋯ 65
永斌话参籽　播种兴参镇⋯⋯⋯ 73
敦化贤儒镇　紫鑫移山参⋯⋯⋯ 81
中俄边境地　参园南别里⋯⋯⋯ 89
珲春参把头　名叫刘福贤⋯⋯⋯ 97

二访参山多特色……… 104
集安：宝地深处藏边条 栽培专家有话说
非林地种植 专家得专利 ………… 104
集安边条参 藏在大山里 ………… 109
所长郑殿家 细说集安参 ………… 117
静谧秋皮村 专种林下参 ………… 125
白山：深山腹地寻参场 沃土密林好光景
临江参发展 岗上大平原 ………… 132
沿江风光美 泽成话参事 ………… 140
长白深山处 参场马鹿沟 ………… 145
二访抚松县 人初初成长 ………… 153
细说靖宇参 考察半拉山 ………… 156
延吉：科学种植前景好 下跪磕头守山人
翰章朝阳村 品牌原料地 ………… 165
漫话种参史 文字与少林 ………… 171
安图台前村 平地在种参 ………… 176

参工掐参花 下跪磕头爬 ………… 180

三探参籽上市时……… 186
集安：红果黄果真娇艳 扬名塞外小江南
大地参园里 结满黄果参 ………… 186
新开河参园 红果连成片 ………… 193
集安风水地 气候小江南 ………… 198
再到秋皮村 查看林下参 ………… 204
垂钓潭水边 围网捕鱼忙 ………… 208
抚松：参籽交易市场旺 西洋参园话家常
参籽上市了 参农笑开颜 ………… 215
万良兴参镇 大妈看园参 ………… 217

四寻山参作货季……… 222
集安：秋高气爽访集安 世界第一趴货王
朱磊小兄弟 细数集安参 ………… 223
集安赵德富 世界趴货王 ………… 228

台上荒崴子 参农王长坤 ………… 244

白山：山灵水灵长白山 秋实累累作货时

跨过鸭绿江 纪念保临江 ………… 250

黎明前黑夜 长白参作货 ………… 265

十五道沟前 欣赏好风光 ………… 278

五问寒冬咋度过 ………… 284

六看冰雪覆人参 ………… 292

冰雪覆盖下 人参生命硬 ………… 292

七享深秋作货时 ………… 300

密林适宜地 参籽播土中 ………… 314

八视集安林下参 ………… 316

329 第三章 咱也当回放山人

放山文化有传承 ………… 331

山神老把头孙良 ………… 332

放山文化有传承 ………… 335

放山专用工具多 ………… 339

棒槌姑娘的传说 ………… 342

如今把头有传奇 ………… 346

参行美少妇 山参传承人 ………… 346

万良朝阳村 当回放山人 ………… 352

放山拿到货 还愿把头祠 ………… 372

万良朝阳村 采访放山人 ………… 375

第四章 加工食用应有方

长白考察加工厂·········· 389
 加工有历史，如今精工制·········· 389
 洗晒蒸煮浸，加工讲究多·········· 397

神效食之需有方·········· 400
 古人人参巧应用·········· 400
 人参的化学成分·········· 401
 人参的神奇功效·········· 402
 不同人群需有别·········· 404
 紧急时刻可嚼服·········· 405
 人参与美容护肤·········· 406
 人参吃法学问多·········· 406
 凡间美味人参宴·········· 409
 名人赠享皆喜之·········· 411

 神农本草论人参·········· 415
 南北不同人皆宜·········· 425

尾声 从未来到未来 ··· 428

第一篇

DIYIPIAN

参观人参博物馆

参观人参博物馆

白山黑水，原始密林，孕育着珍馐无数，

紫气东来，百草遮阴，正是一棵参的传奇力量。

天有秀，山有灵，物有感。

一山一水，巍峨蜿蜒抑或跌宕广袤，皆为天之馈赠；

一草一木，伏地成原抑或高耸入天，具是山之灵秀。

神秘的天池和潺潺的溪泉，

似血脉，活络了长白生灵，

精华之焦点，莫过于百草之王——人参。

它来自远古，埋首于山林之下，经过无数四季轮回，

生根，破土，聚灵秀之精华，百年不歇；

它折服神农，与人为和，药食同源，

亘古留存，与山同在，与人共生。

博物馆探人参史

吉林省抚松县于我而言是一座并不陌生的小县城，以往也曾经去过几次，但此行有所不同，我是带着考察长白山人参资源的使命前往，肩负这种使命，让我时刻不敢放松自己。

位于抚松县的中国人参博物馆

常言道：读史使人明理。只有充分了解事物的发生、发展，才能预知其未来，人参莫不如此。早就听说抚松县有一座人参博物馆，我相信在那里能够厘清人参的历史沿革、风俗习惯、逸闻传说、药用价值、科学使用等等方面的知识。对于我这个热衷于人参事业并且比较认死理儿的人来说，参观人参博物馆是了解长白山人参的最佳途径，一定会对我未来深入考察人参资源起到重要的指导作用。来到抚松县城，顾不上其他，直奔人参博物馆而去。

以下就是我在抚松县人参博物馆了解到的关于长白山人参方面的知识。

最早人参文字记

人参起源于距今6000多万年前,是地球上仅存的古生代第三纪孑遗植物之一。世界上最早应用并最早用文字记载人参的就是中国人。

我们在《甲骨文合集》中找到了3500多年前的殷商时代中国人创造的生动形象的"参"字,《殷墟书契前编》的"参"字,不但有地上部分的茎和果,而且有了地下部分的参根。

先秦、两汉时期出土的汉书简上已有应用人参的处方,说明那时人们已经认识到人参对人类的药用价值并能实际应用。唐、宋是人参应用的鼎盛时代,现已发现的文本资料有百部之多。

参藏长白山 — 雅贤楼茶文化

《殷墟书契前编》中的"参"字

汉字工具书记载的甲骨文象形字

"金文"的多种"参"字,不但有三花的红参籽,而且还有象形的参体和参须

最早人参药用记

有关人参药用最早的记载,当属西汉时期问世的我国第一部本草专著——《神农本草经》。曰:"人参味甘,微寒。主补五脏,安精神,定魂魄,止惊悸,除邪气,明目,开心益智,久服轻身延年。"汉·张仲景的《伤寒论》、明·李时珍的《本草纲目》、明·陈嘉谟的《本草蒙荃》、明·刘文泰的《本草精要》等医学巨著中均有人参经方,并被推崇到"百药之首"的地位。

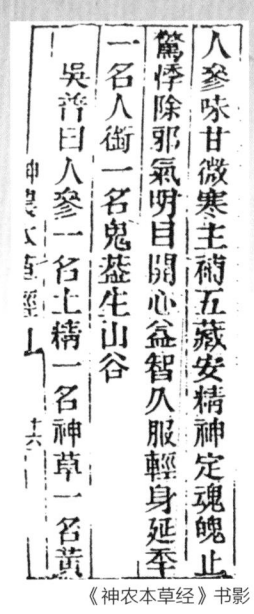

《神农本草经》书影

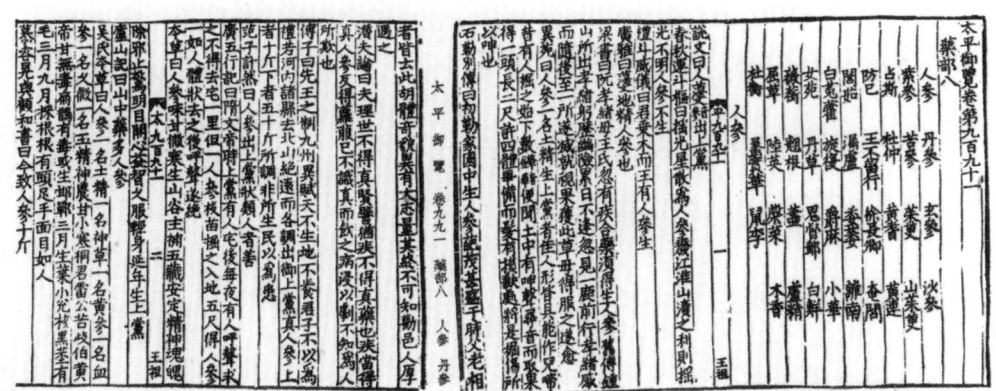

《太平御览》是宋朝太宗年间编撰完成的传世巨著,书中详尽记载了人参的出产地、药理药性,并详细记述了人参的用法用量和应用效果

人参演变别名多

从植物学属类看，人参是五加科多年生宿根性草本植物，历朝历代都被称为"百草之王""万能圣药"，位列中医365种中药之120种上品中药之首，被誉为"上品君王"，尤其长白山区的人参，又位列著名的东北三宝之首。

人参有很多别名：

《吴代本草》谓：黄参、玉精、神草、久微；

《名医别录》载：土精、血参、人微；

《神农本草经》载：人衔、鬼盖；

《古事类苑》载：黄丝、人微；

《吴普本草》载：贡精、地精、白物；

《文雅》载：海腴、皱面还丹；

《图经本草》载：百尺杵；

长白山俗称：棒槌。

再有，"人参"义同"人身"，发音相同，形体相似；人参每出复叶5个小叶，靠其获得能量维持生命——与人手作用相似；人参种子形同人肾，作用

人参本经上品

人参本经上品

相同；人参根的芦、膀、艼、体、须，分别形同人的头、肩、臂、躯、腿；人参孕育生命时间与人类孕育生命时间同为270天，所以称其为人参。

先扫封底二维码
下载专用软件
鼎e鼎扫码看视频
参观人参博物馆（一）

最早人参环境记

据汉末《春秋纬》记载:"瑶光星散为人参,废江淮山泽之祠,则瑶光不明,人参不生。"

这段话的意思是说人参生长条件极其苛刻。这里说的瑶光星,就是北斗七星(天枢、天璇、天玑、天权、玉衡、开阳、瑶光)中勺把第一颗星,也叫紫微星,能够发出紫色光。

这里将人参比作瑶光星,赋予其神奇、灵动的人性,只有有德之人在这

里，才能出产人参，如果"人君不德"，则"星光不明""人参不生"。人杰地灵，亦可倒过来说，地杰人灵。

在长白山区流传着"上有紫气，下有人参"之说，可能是生长人参的环境是水汽氤氲，毫无污染，紫光透过雾气较强，故紫光能天地接气，如今大气污染严重，紫光难以与地气相通，所以，在长白山区野生人参资源也是越来越少，基本鲜有紫光出现了。

《抚松县志》记载的1929年以前抚松县人参种植情况

《春秋纬》记载："瑶光星散为人参，废江淮山泽之祠，则瑶光不明，人参不生。"

人参主产区变迁

从抚松县人参博物馆展示的内容可以看出人参产区发展变迁的大趋势,中国人参最早主产区在山西的上党。

东汉许慎撰《说文解字》中,对"参"字有详细记述:"参,人参,药草,出上党。"这是文献中对人参产上党的最早记载。

上党,唐时郡名。位于今山西省东南部太行山脉的长治、长子、潞城一带,主要是长治、晋城两市。海拔1000米以上,因与天为党,故称上党。

在唐朝《新修本草》中,有对于中国人参的主产区极为准确的记载,除

> **上党人参的绝迹**
> Take ginseng vanished
>
> 由于历史上人们对太行山脉的人参开发较早，采挖频繁，加上生态破坏，气候的变迁使那里的人参绝迹。据明代《清凉山志》记载："自永乐年后，这里的森林遭到严重的破坏，伐木者千百成群，蔽山罗野，斧斤如雨，喊声震山。川木既尽，又入谷中，深山之林亦砍伐殆尽，所存百之一耳。"历代统治阶级视上党人参为珍品，连年采挖。森林的大量开采，使人参生态环境受到破坏，终使太行山脉野生人参绝迹。明·李时珍："上党，今潞州也。民以人参为地方害，不复采取。今所用者，皆为辽参。"

上党参的绝迹

记述人参"出上党及辽东"以外，还明确指出"今潞州（山西上党）、平州（河北省）、泽州（山西省）、易州（河北省）、檀州（北京市密云县）、箕州（山西省）、幽州（北京）、妫州（河北省）并出，盖以其山连亘相接，故皆有之也"。由此可知，唐代人参主产区在太行山、燕山以及东北的长白山地区。

根据《本草图经》《经史证类备急本草》等名著记载，宋代我国人参主产区较唐代向东扩大，伸展到黄河以东地带，一直绵延至泰山山区。分布在相当于现代的山西、河北、山东地区。说明自宋代始，中国人参主产区逐渐向我国东部扩展开来。

当时，女真人采集的人参与宋朝开展以物易物的贸易活动。因此，宋代已经在间接地开发和利用长白山区主产的人参资源。

由于历史上人们对太行山脉的人参开发较早，采挖频繁，加上生态破坏、气候的变迁使那里的人参绝迹。据明代《清凉山志》记载："自永乐年后，这里的森林遭到严重的破坏，伐木者千百成群、蔽山罗野，斧斤如雨，喊声震山。川木既尽，又入谷中，深山之林亦砍伐殆尽，所幸存之一耳。"历代统治阶级视上党人参为珍品，连年采挖。森林的大量开采，使人参生态环境受到破坏，终使太行山脉野生人参绝迹。

明·李时珍在《本草纲目》中说："上党，今潞州也。民以人参为地方害，不复采取。今所用者，皆为辽参。""古有人参而后绝。"说明在明代，上党参差不多已经绝迹了，而"辽参"也就是长白山人参已经列为珍品。

清朝时，更视人参为立国之本，救命之宝。人参可独立为药——"独参汤"，更推崇"生麦饮"——人参、五味子、麦冬。而此时，上党参早已找不到了，所以乾隆才有"而今上党成凡卉"的慨叹。

在漫长的发展过程中，人参逐渐向北迁徙到东北地区，最终停留在长白山一带。

长白山是亚洲东部保存完好的森林生态系统，这里浓缩了中温带到寒带的植被，动植物资源丰富多样，为人参营造了良好的生长环境。

人参对气候、环境苛刻的要求是由人参的一个鲜为人知的生理缺陷决定的。人参叶面没有吸收阳光的气孔和栅栏组织，无法保留水分，当气温高于32℃时，人参就会因日光灼伤而枯死。所以，野生人参必须生长在乔木、灌木针阔叶混交林中的腐殖土中，这样乔木、灌木及人参周边的草木形成了立体屏障，起到了遮光的作用，使人参在漫射光的照射下完成了光合作用，只有这种

环境才能满足人参喜光又惧光直射的生存条件。

特殊的生长环境、地域特征、气候特点等因素对植物药性的影响，使人参终成为标准的道地药材——百草之王。

而清朝近200年的封山，对野山参起到了很好的保护作用。清末民初以来，长白山区原始森林遭到疯狂砍伐，野山参因生存环境遭到严重破坏而数量锐减，目前只有长白山少数地域还有纯正的野山参。

人参的各种形态

目前我们能看到的人参主要有野山参、移山参、林下参及园参这4种基本的植物形态。

1. 野山参

纯野山参生长在原始森林下，其种子自然落地或经鸟兽传播，自然发芽生长。在生长过程中，没有任何移动和人工管理，生长于腐殖质土壤当中，具有芦、艼、纹、体、须五形俱全的特征。

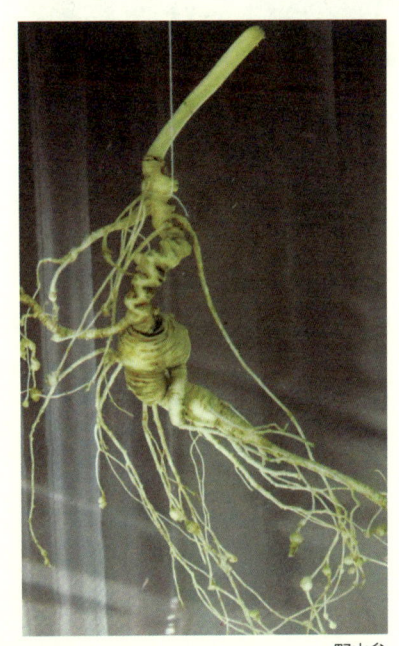

野山参

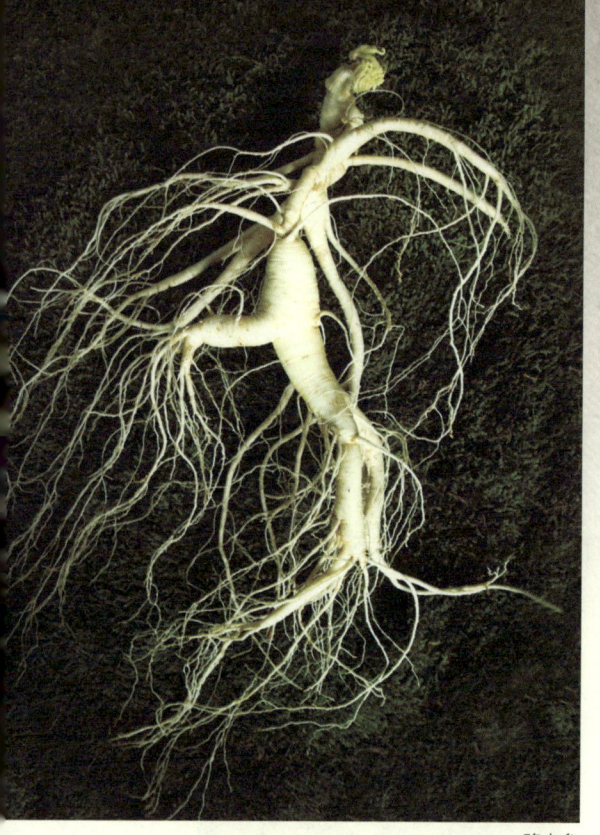

2. 移山参

移山参俗称"趴货",山参幼苗经人工重新栽植,任其自然生长若干年后挖出,因生长环境改变而形态亦发生变化。这种参的参芦较短,出现转弯或钩形。多数皮粗、纹开呈扇形。

移植山参有3种方法,一是山移家(把山上的幼苗移入家中);二是山移山(把山上的幼苗直接移栽);三是家移山(选择形体好的园参移入山中)。

移山参

3. 林下参

人们为了合理利用长白山自然资源,充分发挥立体宝库的生态效益,在长白山区森林之中大面积推广林下参种植模式。林下参可分为籽参和移栽参,所谓籽参,就是把参园中的参籽直接播种在适宜的林下自然生长;移栽参是把在参园中两三年生的参苗移栽在林下自然生长。

林下参

4. 园参

经过长期移栽的人参称为园参,随着自然条件的改变,人参的植物学形态发生了变化。其特征是芦头短粗,主根圆柱形,质地疏松,横纹粗浅不连续,侧根多而短,须根错杂,没有珍珠疙瘩。

园参

放山把头之传说

关于"老把头"的传说,也是说法不一,据考证主要有以下3种说法:

1. 孙良说。孙良,山东莱阳人。据考,明末清初,为给年迈的老母亲治病,与同村一乡亲来到长白山挖参,在深山老林里失散。为寻找同伴,死在蝲蛄河畔,留绝命诗一首。长白山区的放山人为纪念孙良,尊其为老把头。

2. 土人说。《抚松县志》载:"老把头不详何许人。相传系放山者之鼻祖,土人……""三月十六日,此日系老把头之生日,现在放山者均祀之。是日,家家沽酒市肉,献于老把头之庙前。抚松人民对于此节极为注重,然他处无之。"

抚松县把头祠内供奉的山神老把头

3. 老汗王说。相传清太祖努尔哈赤小时候经常在长白山放山。努尔哈赤称汗王后,被人们崇为放山老把头,并立庙祭祀。

以上3种说法,笔者个人观点还是认为孙良说可信一些,我想老百姓更愿意把一位重朋友讲信义的放山人当作心目中的老把头,因为他更贴近生活,而不是高高在上的帝王,所以才奉孙良为老把头,当神来祭拜。

老把头与人参王

相传,人参的老祖宗是参王,放山人的鼻祖是老把头,老把头是山里人尊崇的山神。参王和老把头皆为神仙,却是一对天生的冤家。两位神仙已经在长白山深山老林里玩儿了数千年的捉迷藏。

随着放山的人越来越多,山参的数量越来越少。参王为了保护自己的儿孙世代繁衍不绝,就去找老把头求情。初,老把头不允,说:"人参养生治病,理应被人所用;靠山吃山,你不让挖参,放山人怎么生活?"参王无奈,只好委曲求全,就对老把头说:"你若答应我三件事,从今以后我可以矮你三分。"老把头笑道:"说来看。"参王讲:"第一件,老的别挖,人参天生娇贵,生长百年不易,数量极少,理应助其成仙;第二件,小的别挖,别干绝户事;第三件,每次只挖三苗,不可贪婪。"老把头觉得参王说得在理,便与参王言和,并依参王所说立下规矩。于是,参王就比老把头矮了三分。

从此,放山人皆遵守老把头立下的规矩,直到今天。

老把头与人参王

采挖人参的歌谣

八月里来野花鲜,
情郎采参进深山。
八月里来雨连绵,
情郎采参好可怜。

八月十五月儿圆,
情郎在外想坏咱。
八月十五夜难眠,
天上月圆人不圆。

八月中秋月正南,
盼望情郎把家还。
挖的人参扛不动,
换回一包白银钱。

给奴买件新夹袄,
还有手镯和耳环。
托个媒人好成亲,
小两口儿比蜜甜。

转眼又到七月间,
成帮搭伙去放山。
红线绳,带身边,
上面系着铜大钱。
索宝棍,手中拿,
拨拉蒿草仔细观。
瞧见"棒槌"大声喊,
忙把红绳系上边。
铜钱压地镇住宝,
弟兄们动手挖个欢。
大喜挖棵六匹叶,
趴地叩头谢神仙。
带回家中换柴米,
老婆孩子好过年。

挖参苦,挖参苦,
衣裳剐破没人补。
挖参苦,挖参苦,
最怕碰上狼和虎。

挖参苦,挖参苦,
一天挣不上两吊五。
挖参苦,挖参苦,
老婆孩子同受苦。

你采参,我采参,
采参人没吃过参,
舍命采参一辈子贫。
你采参,我采参,
人参抢进官府门,
咱们没得半分文。
你采参,我采参,
皇帝老爷要红参,
哪管百姓命归阴。

如今的放山,更多成为一种纪念和传承。放山习俗,一个自然伦理的山林或范本,对道德意识的规范和环境艺术的总结,让日渐稀有的人参得以留存。

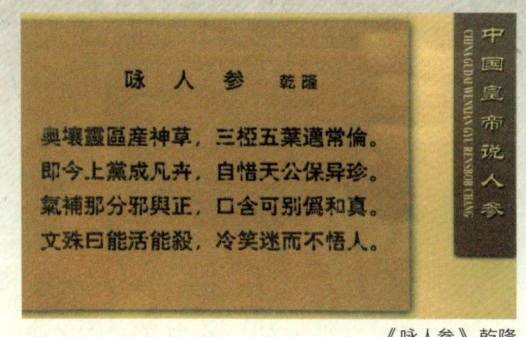

《咏人参》乾隆

人参史上众传说

清·方登峰《棒槌鸟》

边山有鸟,每于夜半,辄呼王干哥至千百声,哀切不忍闻。传昔有人入山,剧参相失,遂呼号,死山中,化为鸟。当参盛处,则三匝悲啼,随声至其地,必见五叶焉。

唐·杜光庭《神仙感遇传》

维阳十友相约为兄弟,以酒食为乐其志。一日,老叟阑宴,十友不以貌取人,让老叟醉饱自去,莫知所之。又一日,老叟至谓十友:愿力为一席,以达厚恩。至期，老叟引十友到东郊外茅屋，见丐者数辈，相邀环坐，当十友面显饥色时，老叟让丐者端来一个十数岁、耳目手足半堕落的糜烂的童耳，置于巨板上。老叟揖让劝勉，使十友就食，十友恶之不肯食，此时老叟纵食餐啖，似有盈味，食之不尽，即命诸丐持去尽食之。老叟曰："此所食者，千岁人参也。颇甚难求，不可一遇。吾得此物，感诸公延遇之恩，聊欲相报。且食之者白日升天，身为上仙，众既不食其命也。"众惊异悔谢不及，叟促问诸丐，合食讫即来。俄而，丐者化为青童玉女，幡盖导从，一时升天。

明·谢肇淛《五杂俎》

千年人参，根作人形，中夜常出游，烹而食之则仙去。相传，有女道士师弟二人居深山中。一日，其徒汲水而于井畔，见一婴儿，抱归，成一树根。师大喜，烹之。未熟，以粮尽，下山为水阻，不得还。徒饥闻甑中气香美食之。比师归，已飞升矣。

人参救母图

绫罗绸缎她不看，只求人参汤一碗。

妯娌犯难为哪般，长白山里找参难。

进山挖参数日内，姑娘门前盼君还。

一品诰命福禄寿，仙草熬汤奉床前。

先扫封底二维码
下载专用软件
鼎e鼎扫码看视频
参观人参博物馆（二）

人参栽培始中国

据《晋书·石勒别传》记述,出生于上党地区武乡的石勒(公元274—333)在其园圃中栽有人参。"初勒家园中生人参,葩茂其盛"。另据《石勒别传》有"家园中生人参,花叶甚茂,悉成人状"的记载。

这段文字说明,早在一千六百年以前的晋代,中国已经有人参园栽的雏形了。那么,这里所说的生长很茂盛的园中人参,应该是放山人采得的较小人参移栽园中,或者是野山参种子播种后生长的园参。

从南北朝·梁·陶弘景《名医别录》的《采人参》中也可以看出,那个时期人们已经掌握了如何在原始森林中寻找到野山参的方法:

三丫五叶，背阳向阴。
欲来求我，椴树相寻。

宋代大诗人苏轼著《小圃五咏·人参》诗一首，反映出宋代对人参栽培已经形成了专门的技术。

《小圃五咏·人参》

上党天下脊，辽东真井底。玄泉倾海腴，白露洒天醴。
灵苗此孕毓，肩股或具体。移根到罗浮，越水灌清泚。
地殊风雨隔，臭味终祖祢。青丫缀紫萼，圆实堕红米。
穷年生意足，黄土手自启。上药无炮炙，齕啮尽根柢。
开心定魂魄，忧恚何足洗。糜身辅吾生，既食首重稽。

元代，王祯著《农书》"农桑通诀"中，把"耕参地"视为栽培人参的重要措施，说明元代人参栽培已经有了很大规模。

明代李时珍《本草纲目》记载：人参"亦可收子，子十月下种，如种菜法"。表明当时人参栽培技术已经达到相当高的水平。

清朝长白山区及其以北直至锡赫特山区，是中国人参主产区。由于资源急剧减少，尽管采取多种严加管理的措施，仍不能保证需求，随之在长白山区兴起了人参栽培业。辽宁宽甸县奭公德政碑记载了这个地区的人参栽培业的产业状况。

据史料记载，大约在450年前，长白山区已经开始人工种植人参了。

[渤海国 Bohai kingdom 说明牌照片]

渤海"朝贡道"事记

渤海"朝贡道"事记

　　唐朝时期靺鞨（满族祖先）崛起，于公元698年在东北建立地方民族政权——渤海国。在现今的抚松境内设置"丰州"，抚松新安古城即为当时丰州治所，是渤海"朝贡道"上的险要城池，为连接渤海都城与唐朝都城长安的重要纽带。

　　渤海国为了加强与周边民族和邻国的关系，以其王国的都城上京龙泉府（今黑龙江省宁安县东京城）为中心，开辟了5条交通道路，这5条朝贡道分别为：鸭绿道、营州道、契丹道、日本道、新罗道。

　　这5条朝贡道据学者记载分别为：

鸭绿道：由渤海都城前往京师长安，先到西京鸭绿府（今临江），然后乘船顺鸭绿江而下，抵达泊汋口（大浦石河口），再循海岸东行，至都里镇（今旅顺），继而扬帆横渡乌湖海（渤海海峡）到登州（今山东蓬莱）登岸，然后从陆路奔往唐京长安。

营州道：又叫长岭道，是渤海与唐朝东北地方管理机构之间政治、经济往来的主要路线。营州（今辽宁朝阳）是唐王朝经营东北地区的重镇，唐中期以前是营州都督府所在地，后为平卢节度使的驻地，代表唐朝管理渤海等东北少数民族，唐·贾耽称之为"入四夷之路与关戍走集最要者"。其路线是从渤海都城出发，经长岭府（今吉林桦甸苏密城），沿辉发河至新城（今辽宁抚顺），然后经现在的辽西北镇抵达营州。

契丹道：又称扶余道，是渤海与西面诸民族往来的交通路线，经渤海都城出发，越过张广才岭，抵达海西重镇扶余府（今吉林农安），再西南行进入契丹地区，至辽河流域的契丹腹地（今内蒙古巴林左旗一带）。这也是当年耶律阿保机率领契丹军队自扶余府攻打渤海上京的往返路线，也是渤海与室韦、乌罗侯、达末娄等部交往的重要交通干线。

日本道，又称龙原道。龙原道是渤海赴日本的重要交通干线，先由渤海都城到达东京龙原府（今吉林珲春东），继续南行至盐州（今俄罗斯克拉斯诺）港口，由此乘船渡海去日本。海路有两条路线，其一是筑紫线，自盐城出发，沿朝鲜东海岸南下，过对马海峡，到达筑紫的博多（今日本九州的福冈），当时日本处理外交事务的太宰府设于此。其二是北线，从盐州出发，东渡日本海，直抵日本的本州中部北海岸的能登、加贺、越前及佐渡等地。752年首创这条航线，是渤海与日本之间最近的航线。走这条线，只要掌握季节风后，海难事故大人减少，这条道成为后期渤海与日本之间主要的航线。

新罗道，又称南海道。南海道是渤海与新罗的交通线。渤海去新罗必经南京南海府，有陆路与海路两条线路，海路始发南海府的吐号浦，沿半岛东海岸南行，直达新罗各口岸，途程较短，又紧靠海岸，是一条较为安全的航线。陆路由东京至南海府，向南渡泥河（朝鲜龙兴江）进入新罗界。唐·贾耽在《古今郡国志》中记载，从渤海东京龙原府到新罗井泉郡（朝鲜咸镜南道的德源）中间有39驿。唐制15千米为一驿，全程585千米。这条交通路线峰峦起伏，关山险阻，是一条崎岖的交通线。渤海在这几条主要交通干线上设置驿站，负责政令、军情的传递，往来官员、使者的接待，以及驿马的管理、车船保养等事务，而且建立了"乘传"制度，由驿站为来往官员、使者提供"传马"或车辆。

渤海"朝贡人参"记

在《渤海国记》"朝贡中国"篇中记载：公元925年，即后唐庄宗（李存勖）同光三年二月，遣少卿裴璆朝于唐，贡人参、松子、昆布等。这里，将人参列为贡品之首位。

后唐明宗（李嗣源）天成元年（公元926年）后220余年间，遣使团116人，贡人参、昆布、白附子、虎皮等。这里将人参仍列为贡物首位。

从唐中宗（李显）神龙元年（公元705年）到后唐明宗天成元年的220余年中，渤海国入唐朝贡94次，贡物人参主要是在汤河口（今抚松县仙人桥镇）采挖的上等老山参。

据史料记载，人参在清朝时每斤价格要几百两白银，仍是皇家和达官贵人才能享用的。现如今野生人参即便走入民间，每斤价格依然在数十万甚至数百万元之间，非普通百姓所能享用。

中国人参在国外

早在17世纪,中国人参就被介绍到欧洲各国,1631年来华的葡萄牙人鲁德昭在撰写的《中华大帝国志》中第一次提到了中国的辽参。1675年俄国驻中国使节恩·克·斯卡法利,在其所著《在宇宙的首端——亚洲有一个由无数城镇和省区构成的伟大中国》一书中对中国人参进行了描述。

然而详细介绍中国人参的是法国人杜德美,他在1708年随康熙皇帝去辽东,访问了长白山人参产地。他在1711年4月发往巴黎的信中,对中国人参产地、采制及功用等,做了权威性的说明。之后,中国人参传到了加拿大等北美国家,他们根据人参的记载和植物标本,1716年在加拿大南部森林中也发现了"人参",这就是西洋参。

中国人参贸易史

有文字记载的人参贸易，首先是通过朝贡的方式进行的。宋《册府元龟》记载唐玄宗在位年间，新罗王金兴光先后遣使进献贡品中均有人参，有时达100千克。

据《明辽东残档》记载，从万历十年（1582年）七月至十二年（1584年）三月，仅20个月中，海西女真人从开原广顺关与镇北关入市交易共26次，女真人出售人参1733.75千克，足见此期人参贸易之显赫。

到万历三十五年（1607年），明朝突然采取关闭辽东马市、互市的措施，停止了人参的交易活动，以迫使女真人降低人参售价。史料记载：明万历三十七年（1609年），熊廷弼任辽东巡案使期间，决定两年不买女真人采集的人参，结果使女真人的鲜人参腐烂大约50 000千克。可知当时我国东北地区出产人参的盛况。

清代，统治者在采取多种采参制度垄断人参的同时，又摧残人参栽培事业，视"秧参"为伪品，不准药用。与邻国进行着极为少量的交流。

清代野山参价格

清·乾隆十五年（1750年）每斤人参价格值白银272两；

清·乾隆二十八年（1763年）每斤人参价格值白银400～512两；

清·乾隆三十六年（1771年）每斤人参价格值白银800两；

现如今每斤野山参价格在数十上百万元,价格的高低与人参本身的品相有直接关系。

近代人参贸易

东北所产人参,在1949年以前均由各地山货栈包办经营,主要在营口、大连、安东(今丹东)等港口集散。东北人参到达各港口后,由京帮、沪帮、广帮等行帮的货栈采购,再由他们转销至国内各地或组织出口。营口自从开港到1932年为止,一直是东北人参最大的集散港口,在1925年前后的几年中,每年集散的数量可达10万千克,约占东北人参输出总量的70%以上,出口金额将近输出总额的80%。

关东人参交易市

《抚松县志》载,清朝封禁期间,关内农民闯入长白山者"岁不下万余人"。光绪年间开禁后,抚松开始大面积种植人参。1914年抚松县成立参会。当时,北岗、东岗、西岗"三岗营参园,营业共七百四十余家,年可出参二十八万斤,每斤能值炉银五六两,出产额约占全国十分之七,总销售营口,分销全球,实为我国特别之出产。"

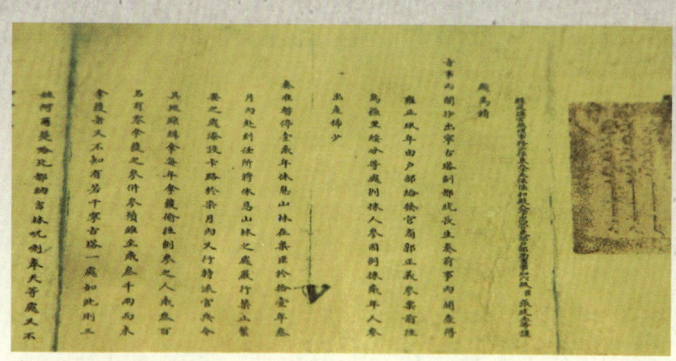

清·张延玉 奏请人参种植

抚松人参栽培史

抚松的土壤极适应人参的生长。原始森林形成的腐殖质土层养料充足，松散适度，利于植根保墒；玄武岩形成的白浆土和灰棕壤构成的底壤不渗漏，确保了水分充足。

松花江源头河流密布，水质基本没有污染。

正是这些独特的条件，孕育了汲天地之灵气和精华且身形与万物之灵长——人类相似的百草之王——人参。同时也培育了中国的"人参之乡"。

抚松的气候极适应人参的生长。长白山西坡由于受东北至西南方向长白山脉与东南季风直交的影响，大陆性气候特点显著。春季短，升温快，春旱少；夏季温热，雨量集中，昼夜温差大；秋季降温快，晴天多；冬季漫长严寒，积

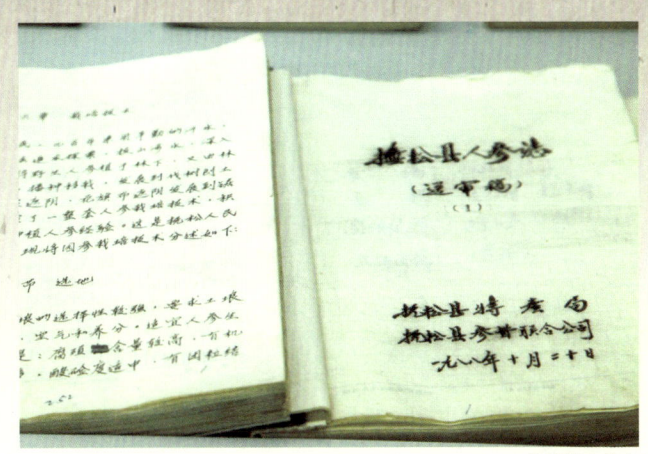

抚松县人参志

雪厚。光照、积温、降水和昼夜温差皆利于人参的生长和皂苷的形成。

抚松园参栽培据考始于1576年（明隆庆年间），距今已有440余年的历史。

1953年在东岗一村周围发现有一片纵45千米、横25千米的杂木林，均系桦树、杨树、榆树等树种，粗者达43厘米，13~20厘米者占大多数。经林业技术人员鉴定，确认为公元1567年（明隆庆元年）砍伐原始林栽参后自然形成的杂木林。

1985年11月2日《抚松县人参志》编写小组于东岗镇西江村踏查一块约2亩地的老参池底子。在这块地生长的阔叶杂林中，选伐一棵榆树，高210厘米，直径54厘米，查年轮认定生长231年。按参后自然还林规律推算，这块参池底子距今300年以上。应在1686年（清康熙二十五年）以前。

清乾隆中期（公元1758年前后），至清嘉庆十五年（公元1810年），抚松县的东岗、西岗（简称两岗）就有刨夫在窝棚前用原土培养山参。

清嘉庆十五年（公元1810年）三月十五日，清官赛冲阿奏折中写道："官参大半系秧参掺杂……此秧参实属辨别不清。"吉林的官参"在五十九斤七两五钱人参中，夹秧参达三十七斤十三两之多"。

清同治年间（公元1862年前后），东岗、西岗养参户已有400多户。汤河"大房子"（韩现琮所设税务机构）每年仅园参一项抽银6000两。此时外地资本开始进入"两岗"，使园参生产逐渐产业化。

1881年，吉林将军拟定对人参诸草药课税。在汤河口设头道江局，各地方人参送到头道江局，领取人参税票，记录人参数量、纳税多少，送到吉林人参局，方准交易。头道江局设有官房一栋，有二十余人四处巡查，有脱税者送吉林处罚。每年的白露节（约9月上旬）前后，吉林将军派官员四五名，到汤河一带出产人参的地方查实人参数量；小雪（11月下旬）前后，再赴营口各店探检原件收十分之一的税银。

1901年，抚松一带土匪麇集，扰乱地方，人参商业萧条，"两岗"参园仅存200户。

1912年，西岗园参达到鼎盛时期。李富昌（俗称老甲长）是最大的参户，

养参1万多丈（一丈相当于4平方米），李凤岐9000多丈，薛明远5000多丈，阎成恩、李玉珍、王相志等各有3000多丈，最小的参户1000余丈。

1932年，日本侵占东北以后，抚松县园参生产开始衰落。

1939年6月1日，栽参业组合，成立伪兴农合作社，采取逐渐复兴参业的措施。

1947年，土地改革划定成分时，"三岗"划定大参户4户（有参500丈以上）、中参户13户（有参100丈以上），参业工人112人。

冬季土地改革发生"左"的偏差，曾把小参户当作地主、富农斗争，仅北岗村就斗54户，占76户的81%，挫伤了参农的积极性，园参生产损失严重。

1949年，抚松县人民政府发放贷款扶持园参生产。从春到秋共发放贷款224 662元（东北币），当年园参面积为134 319丈，产量60 918斤。

1946年，县人民政府在东岗村建立国营参场。

1955年改为抚松县地方国营第一参场。

1957年3月在兴参村建立地方国营第二参场。

1957年9月在新屯子村建立地方国营第三参场。

这三个国营参场，形成了我国参业种植基地和人参出口基地。

1984年成立地方国营第四参场。

1986年成立抚临参场。

1987年成立抚露参场。

至1987年，全县共有各种所有制的参场33个，达到抚松人参栽培的鼎盛时期。

早在1979年抚松县参业收入首次超过农业收入。

改革开放后，抚松县人参产业发生了翻天覆地的变化，种植技术日趋成熟，面积不断扩大，产量不断增加，质量不断提高，在中国人参产业上占有一定比重。

第二篇
DI ER PIAN

遍访山区养参地

遍访山区养参地

深山宝地,参园遍及,

参农世世代代,参林四季轮回,

从砍林种参,到退耕还林,

从唯林地栽培,到非林地轮作,

参与林的依托,恰似人与山的共融;

从播种到掐花,从移栽到作货,

参与时间的对话,正是人与信念的坚守。

百草之王,得呵护,坚守,信任,

回馈予人,获健康,富裕,希望。

有言道,山有灵则物生智。

一进参山初体验

在人参博物馆学习了人参的历史和常识后,我对考察更有信心和底气了,多年的考察经验也让我养成了"史料—亲见—访谈"相结合的习惯,带着历史的宏观思考体验现实的微观实践。第一次进山,我们的目标是由浅入深,首先走访人参主产区中几个重点地区有代表性的种植基地,对长白山区的人参种植情况做基础的了解工作。

人参怎么种 春夏又秋冬

通过博物馆的介绍,我们都知道了现有人参可分为野山参、移山参、林下参及园参4个种类。从人参产业的兴起和发展来看,园参的种植是长白山人参发展历史的重要环节,尤其对于广大参农,都在年复一年地从事园参种植活动,因此我打算先从园参的种植开始,探寻人参的奥秘。几经了解,我们找到了抚松生人,现在珲春从事人参种植工作的参把头刘福贤,来给我们讲讲园参的种植程序。在3年的考察中,此人都成了我们的核心向导。对于种参过程刘福贤如数家珍,种了几十年人参了,一切都了然于胸。

1. 参地的选择

树种:天然杂木林,最好是针阔叶混交林。

地形:地势稍平缓,坡度在25度以下。

土质:林下腐殖土超过20厘米,下面是活黄土。所谓活黄土,就是挖出腐殖土层下的黄土,用手攥紧松开,以能散开的为活黄土。

天然杂木林,最好是针阔叶混交林

捡除树枝石块等杂物

2. 砍林子

时间：冬季伐木。

3. 刨树根

时间：伐木之后的第二年春天开始刨树根。2009年以前，开垦参园完全都是靠人工刨树根，现在基本上是半人工、半机械。

全人工刨树根的好处是参地质量好，土质疏松，下雨后能闻到土壤的清新味道；弊端就是太费力，效率低。

利用机械挖参地的好处是效率高，省人力。弊端是机械压地，土壤翻松困难。另外还有一个重要的问题是污染，人参生长对环境要求极其苛刻，如果作业时机械上有一滴柴油掉在地里，在一定范围内，一根人参都不会生长。

4. 捡树根、清杂物

必须是人工拣捡树根、石块等杂物。把捡出来的树根堆放在开垦好的参园中，等到过了防火期，每年的6月15日到9月15日之间雨季的时候烧掉，灰烬也正好成为参园里很好的肥料回归大地。

5. 拌土、打垄

用铁镐、二齿子把林下表层20厘米厚的腐殖土与下面的活黄土按照一定比例拌匀，一般情况下是5∶1或5∶2，这得视土壤及坡度的情况而定。然后顺坡打成宽150厘米、高40~50厘米的垄状，垄与垄之间留出110厘米的水沟。这样，下雨时雨水会从垄上自然流下，经过夏秋两个季节的养护，等到秋天就是成熟的参园了。

6. 做床

时间：白露前后。

新开垦的参园整理中

在松软黝黑的参床上移栽参苗

朝向：顺坡，利于排水。

把40～50厘米垄上的土摊开，床宽大约170厘米。

7. 挂线

找规矩、铆柱脚。如果参园面积大，最好秋天上冻前把柱脚铆好。因为春天作业时间短，只有清明到谷雨大约15天的播种、移栽的时间。

8. 吊弓

在等间距铆好的柱脚上做弓，以前多用硬圆木条，现在多用竹片，弹性好，利于做弓。

9. 播种

播种分撒播和点播两种形式。

撒播：在池面上不分行撒籽，每丈用籽大约350克，两三年后移栽。优点：移栽后再吸收另一块土地的营养，成品人参体积大成分足；缺点：费工费时多费用。

点播：按规矩成行直播，中间可以不移栽，4～5年作货，叫直生根。优点：省工省时省费用；缺点：成品形体比移栽的要小得多，并且身形不太好看。

10. 移栽

移栽分春、秋两个季节进行。

春天移栽： 清明节开始到谷雨前后结束。春栽最大的好处是出苗率高、苗齐，但时间太紧张，只有15天左右的作业时间，如果参园面积大人手不够就会栽不完。再有，就是参苗稍微不注意就会发芽，也就是所说的直钩了，芽苞一破，成活率就会降低。

秋天移栽： 时间相对充足，从寒露开始，一直能栽到霜降上冻前，但在越冬时如果防护不当，如遇上缓阳冻，也可能掉苗。

所以说，春、秋移栽各有利弊。

移栽参株间距在7厘米左右，每行头芦24~25棵，二芦27~28棵；行间距是18~20寸。（1寸=3.3厘米）

11. 刹池子

用钉耙在参床上轻轻地搂。去掉杂质，如石块、树根等，人参生长环境要求很高，一个小石块压在参的芦头上，都可能导致这棵人参不能破土而出。

春天参床池面上的积雪融化后，会在防寒土表层形成一层硬盖，刹池子使土壤疏松，利于出苗，这是参园田间管理很关键的一个步骤。

春天移栽参床，芦头上土层厚度四指，钉耙齿深度二指半到三指。

秋天移栽参床，因参苗越冬防寒，芦头上土层厚度五指，钉耙齿深度三指。

12. 培池帮、清水沟

规整参池床，清理排水沟。下雨时，雨水能够沿着床与床之间的水沟顺利排出，参床内不能积水。

雨水在排出的过程中，有一部分会从池子底部反渗入参床，供应人参生长所需。参床土壤的湿度，以抓一把参床上的土壤攥紧松开，以似散非散为标准。

13. 扣棚

每年的5月10～20日。

从清朝到1975年之前，人们根据人参喜阴的特点，最开始是用苦草遮光遮雨，后来用木板做遮光棚，再后来用油毡纸做遮光棚，以上传统方法的缺点是透光性差，最后发展到用聚乙烯透光膜做遮光棚一直沿用至今。

至此，参园的前期工作暂告一段落，等待参苗出土，进行下一步的田间管理。

参床表层刹池子，这是一道很关键的工序

参床培池帮，清水沟

14. 预防病害

以二年生的新移栽参为例：

待参苗出齐后，参床表面喷洒无残留农药，目的是杀菌，以预防为主，主要是怕生病。例如炭疽、灰霉、早疫、晚疫等，得上这种病几乎治不了，等于绝收。以前曾出现过这种辛苦侍弄两三年得病绝收的情况。

15. 掐花子

进入6月份，如果不留籽，必须掐掉人参花。掐花后，有效营养会集中供给根部。

16. 除越冬草

有些宿根生类草，翌年春天参苗没露头时，草会先长出来与人参争养分，影响人参的生长，必须拔掉。

17. 撤棚布

深秋季节，把从棚上撤下来的薄膜放在参床的一侧（俗称马道或作业道）用土埋上，以防风化，明年继续使用，一般能用3~5年。

18. 上防寒土

霜降后上冻前，在参床上覆盖一层约2厘米厚的防寒土，一为保护参苗安全越冬，二为积雪春天融化时，会板结表层土，表层下的土壤会更松散，利于出苗。

现在还有入冬前在池面上铺薄膜覆盖

毛毡的越冬方法，效果很好，但造价比较高，一般用不起。

19. 休眠

人参进入休眠期。

这就是参把头刘福贤一年四季种参的过程，年年如是，周而复始。我越听越有兴致，迫不及待进入产区，一探究竟。

抚松县万良镇

抚松万良镇 高升村主任

既然人参之乡在抚松,这里又是最具代表性的产区之一,那我们就从这里开始吧。

吉林省抚松县地处长白山腹地,其土壤非常适宜人参的生长。这里的原始森林形成的腐殖质土层养料充足,松散适度,利于植根保墒;玄武岩形成的白浆土和灰棕壤构成的底壤不渗漏,确保了水分充足。松花江源头河流密布,水质基本没有污染。长白山西坡由于受东北至西南方向长白山脉与东南季风直交的影响,大陆性气候特点显著。春季短,升温快,春旱少;夏季温热,雨量集中,昼夜温差大;秋季降温快,晴天多;冬季漫长严寒,积雪厚。光照、积温、降水和昼夜温差皆利于人参的生长和皂苷的形成。

迎接作者的是村书记张广森

　　万良镇，全国乃至全世界最大的人参集散地，也是人参的主要种植基地，位于抚松县城正北方，距离县城大约15.7千米。4月19日早7点，"参藏"一行人从抚松县出发，前往万良镇高升村参园。

　　由于这里是人参的最大交易市场，从县城到万良镇的这段公路路况挺好。而从万良镇再到村子的公路，虽说已经实现村村通，但路况却一般，尤其通往参园的土路，越野车跑过，卷起一路灰尘，好在路面还算平坦。

　　此时，土路两侧高大树木的枝丫上还感觉不到一丝绿意，虽然我知道那里已经孕育着勃勃生机，而细看树下的枯草里，确实已经隐隐地泛出一抹淡淡的新绿。

　　在万良镇高升村参园，迎接我们的是村书记张广森，一位敦厚朴实的种参

通往万良参园的路　　参园刹池子

人，正带领着参农在参园里干活儿。

张广森介绍，眼下正是刹池子的工序，参床经过一个冬天的休眠，加上春天积雪的融化，使参床上的防寒土形成一层硬盖儿，用钉耙刹过之后，池表土就疏松了许多，利于出苗。一般情况下，老参床子在松完土之后，马上就要把遮阳棚架上，整个夏天都不能打开了。由于人参种植工艺的要求，柱脚高度是75～80厘米，覆盖上遮阳棚后，以后的所有田间管理工作就都得跪着爬着干了。

刹池子可不是件容易的活儿，干活儿时得哈着腰，不能站着，对钉耙作业深度也有严格要求。一般情况下，人参越冬时的床面防寒土厚约四指，钉耙作业深度是一指半到两指，这样才能不伤到人参芽苞，保证出苗率。

先扫封底二维码
下载专用软件
鼎e鼎扫码看视频
万良高升村主任

作者体验刹池子

参床灭菌

这块参园是2倒3作业,也就是去年春天把已经在另一块参园中生长两年的小人参苗移栽到这里,再经过3年的生长,共生长5年就可以作货了(作货:起参)。眼前这个参床是去年移栽的,今年已经是第四个年头了,明年秋天作货,所以刹池子时要格外小心。

老参床作业一般程序是:

刹池子(松土)→苫篷→消毒→出苗(立夏前)→除草(除草贯穿田间管理的全过程)→半展叶(立夏后):叶面喷药,开始间隔半个月喷一次,每年喷7~8次→掐花(六月份,目的长根,如果留参籽则不掐花,到红榔头市时采籽)→起参(白露,9月15日前后)。

与老参池相邻的新参床上,一位参农正在铆柱脚,这是个既费力气又要技术的活儿。柱脚间距在

1500～1700厘米整齐地排列，地面高度在75～80厘米。铆柱脚也全凭参农的经验，不但要照顾到等间距排列，还得照顾到直线、高度、牢固度等因素，看来人参种植并不是想象的那么简单。

参园铆柱脚

长白山区种植的人参大多是在林地上开垦出参园，也就是把针阔叶混交林地砍伐后整理成参园，选择参园时还得考虑到坡度、朝向、腐殖土层下有没有活黄土等因素，完全都是腐殖土也不利于人参的生长，会因土质过于肥沃而伤参，所以在整理参园时，还要适当地掺加一些腐殖土下的活黄土。所谓活黄土，就是把腐殖土下的黄土挖出来用手攥紧松开，以能够散落开为标准，腐殖土、活黄土按照5∶1或5∶2的比例搅拌均匀就可以了，这样的土质才利于人参的生长。所以说，不是有块林地就能种人参的，目前能够满足人参种植要求的林地也越来越少了。眼前的这块参园两年前还是一片针阔叶混交林，一年后等

种植人参时就得栽上树苗

所有参园都是伐木开垦的

参藏长白山 —雅贤楼茶文化—

人参作完货，这里又是一片荒芜，若想在这块林地上再次种植人参，那就得等30年之后了，这是大自然的法则，因为人参轮作周期最少是30年，让我们有生之年可能还会看到这里能够再次种上人参。每个参农都深知参地的金贵，因而干起活儿来格外谨慎。

张广森，1969年生人，是地地道道的抚松人，祖籍山东，也是祖父辈闯关东来到了东北这块黑土地上。他18岁高中毕业后就开始种人参，一直都是在周而复始地从事着这项工作。

据张广森介绍，在1983年土地承包到户后，当时的参地还是以小组互助的形式三五家一组进行田间管理的。那时候参地也不多，每家每户有参床大约20多丈，就这样干了四五年，再后来，大伙儿的意见也不统一，出现了很多问题，这点儿参园就分到各家各户自己管理了。

经过这些年的努力,张广森家已经拥有1000多丈参园了,每年能作货二三百丈,按去年人参的行情每丈能卖1500~2000元,好的时候每丈也有卖到3000~5000元的,一年少说也能卖到50多万元,赶上好的行情每年卖到上百万元的时候也有,去掉各种费用,纯利润能达到40%以上。对于参农来讲,虽说出力累点儿,但能有这样的好收成已经很知足了。

他管辖的高升村现有参园20 000丈,每年按1/5作货计算,保守估计也能出4000丈左右。

如今,人参行情好一点儿,参农还看到些希望。其实,参农非常苦,每年三月末冰雪稍融就开始为搭参棚子做准备工作。比如:木桩、架条、篷布等等,都得提前准备好。在四月中下旬开始播参籽儿或移栽参苗,每年春天从松土到完成播种、移栽、上篷布等工作必须在半个月内完成,接下来就是从春历夏到秋的田间管理。年复一年,辛苦劳作。

人参种植必须搭棚,棚沿到地面最高也就是75~80厘米,人参得五六年的时间才能收获,也就是说,即使是园参,也是参农跪在地上,用五六年的时间侍弄出来的,所以说呀,种植人参不易!

因为人参是既喜光还怕光、既喜湿又怕湿的一种非常娇贵的植物,在田间管理的过程中,稍不留神,就可能出问题。比如:被太阳晒着了,会因日灼而死掉;也可能因雨水过多而腐烂,尤其是被夏天的伏雨淋到得病,没个救,啥药都不好使。有时辛辛苦苦地侍弄两三年的参苗突然得病都死掉了,上吊自杀的人都有，都是在银行贷的款，还不上咋办？想不开的，只有死路一条。

本是带着问题而来，第一次走近参农，我才了解到他们的不易，过去很多朋友说现如今的人参都是人工种植，与野山参的价值可谓天壤之别，可单就人参物种的自然成长规律，对温度、湿度、土地的各种要求来看，这百草之王对参农的要求已经几近苛刻，与种植其他农作物相比，参农所付出的资金、人力、精力、时间成本都是巨大的，而这种金贵的远古物种得以留存至今，世世代代种植人参的人们更是功不可没！

用GPS定位仪测量抚松万良镇高升村参园结果：

海拔645米，北纬42°30′31.0″，东经127°08′17.7″，当时温度19.5℃，相对湿度40%。

守护山庄的藏獒

永斌话参籽　播种兴参镇

中午时分，从高升村参园考察回到距万良镇不太远的一个山庄，一条硕大的藏獒突然从门口的犬棚中立起身来狂吠，吓人一跳。在同行人的安慰下，藏獒才稍显安静。长白山参园或山庄内豢养一只守卫犬是件再正常不过的事情。

在这个山庄，我们遇到了万良镇人参协会秘书长张永斌先生。

趁着午餐前的空当，正好向张永斌先生了解一下人参种子发芽的情况。

据张永斌介绍，在抚松地区，每年的八月份左右就开始采参籽了。参籽采下来后，经去皮、淘洗等过程，留下成熟适合播种的参籽。把参籽按照一定比例拌土拌沙，调好湿度后放在22℃左右的温室内催芽（俗称：发籽）。

一般情况下在春、秋两个季节播种。

秋播：每年霜降前后，也就是10月22日上冻前，参籽胚胎已经发芽，种子

参园里的参床已经排列有序

开口,此时就可以开始播种了。

春播:每年谷雨前后,也就是4月20日前开始播种。春播的种子,是把头年已经发好芽、开了口的人参籽,放在恒温的地窖中过冬,第二年播种。

哦,原来如此,每颗参籽的播种都要经过漫长的等待。

下午两点一刻,按考察计划,我们又沿着一条通往参园的土路,驱车来到距万良镇10千米左右的兴参镇荒沟村的一片山参基地。

这是一块前一年秋天砍伐的次生林地,经过去年一年的整理养地,目前参园里的参床已经排列有序,有些参床已经铆好了柱脚、吊好了弓等待播种。参工们正紧张地在参园中劳作,抢在遮阴棚上架前刹池子、清水沟,田间地头堆满了各种参园里使用的农用物资。

据正在参床上干活儿的张师傅说,他原来是参场的一名职工,参场解体

作者在万良镇参园采访

参园卫士

后,就只能靠出来给别人打工维持生计了,种了一辈子人参,也不会干别的,只会种人参。今年工资还挺高,每天200块钱,但没有保障,没活儿干就拿不到钱了。

现在的人参也不是谁都种得起的,首先是没有林地,每年政府计划砍伐的可适合人参种植的林地就那么多,没关系没实力的人也拿不到。即使拿到了林地,投入也是相当大的,没有经济实力的人还是种不起,现在拿1公顷林地都要五六十万元,再加上五六年的管理成本,一般人是挺不下来的。再说了,谁知道六年以后人参是啥行情?很多像我的这种人,也只有打工的份儿。

过去在国营参场那会儿,林地多,人参种植面积小,对林地选择性很强,一般要找坡度在25度左右的适宜林地,坡度太大了就存不住水,参园容易干旱,参苗就长不好,影响产量。现在人参种植面积越来越大，林地少了，有些坡度在5~10度左右的林地，也都开垦成了参园。当然了，腐殖土层下的活黄土也很重要，都是黑的腐殖土也不好，容易烂参。一般黑黄土的配比是5∶1或5∶2，这要根据参地的坡度等综合因素来决定。

现在他们正在播种的是四年直生根，也就是把参籽种下去之后，中间不再移栽，四年后直接作货。好处是不用移栽，省工省地，产量也可以，由于只吸收一块地的营养，参的个体长得不很大，每苗参大约50克。

一般情况下，人参种植都是把生长2~3年的参苗移栽一次，吸收另一块参地的营养，2~3年后作货。人参对土地营养吸收很厉害，一块地只能供应人参三年生长的养分，这种移植的人参作货时每棵能长到150克左右。

由于适宜种参的林地越来越少了，所以像今天的这种直生根种植人参的方法也是无奈之举。好在这种直生根人参种植方法的株距较密，用这种特制的工具，每行能种下45粒参籽，行间距在15厘米左右，而移栽的人参每行在22棵左

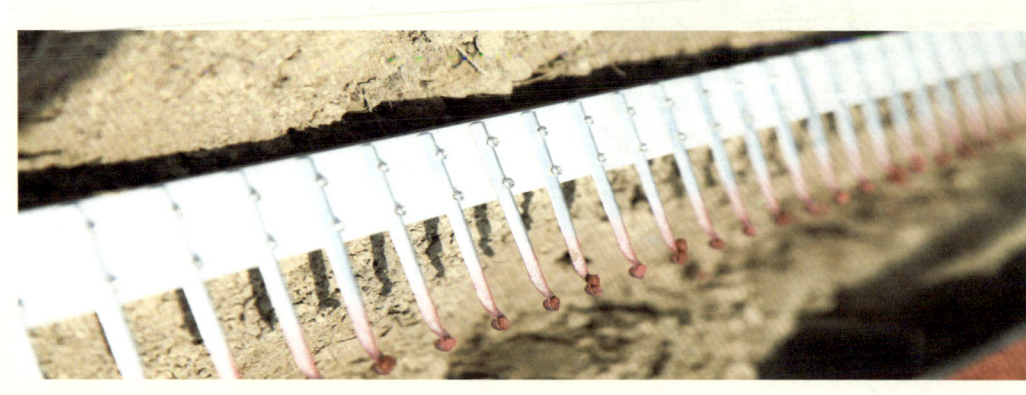

作者与老参工邵成茂

参工正在播种

右,行间距在25厘米左右。由于这种直生根的种植方法在数量上占优势,加上不用移栽,省工省力,所以经济效益也不错,是很普及的一种种植方法。

参园的另一侧,一位老参农正在整理自己的参棚。老人叫邵成茂,61岁了,山东临沂人,3岁时随父辈像闯关东一样搬到抚松万良,已经在这里生活58年了。从能干活儿那天开始,就在生产队的参园里种人参,40多年了,一直干这个活儿。现在,自己拥有几百丈参园,眼前这片参园有130多丈,今年栽的是西洋参,成熟后按现在的市场价能卖30多万元。

从邵成茂大哥的表情上看,老人对自己目前的生活感到很满足,也很有信心。当我说到党的富民政策给参农带来诸多实惠,使很多参农早早地就成了万元户的时候,邵大哥很自豪地说,在1984、1985年前后,他因为会种人参,仅卖参籽一项，就成为3万元户，在那个年代，3万元对于当地的农民来讲，那可是天文数字啊！

可以看得出，因为会种人参，给邵成茂大哥带来了更多的实惠和好处！

看到邵大哥有这么丰富的种植人参经验，我趁势问他放没放过山（放山：到深山中寻找野山参的活动）。邵大哥说，那时候，参场的活儿都干不过来，哪有时间去放山？他的叔叔倒是放山的，在1980年前后还去放山，山里的大货已经很少了，但运气好的话还能采到50克左右的野山参，那时候一棵能卖两三千块钱，不像现在这么值钱。集体那时候不让随便放山，所谓的放山，也就是趁农闲时约上几个人到周围山里转转，私自去放山那还了得，割资本主义尾巴，没人敢去。目前已经没有专业放山的人喽。

同时，我们在参池的边缘，还看到每间隔一定距离都栽有松树苗，这是退

饱经风霜的老参工邵成茂

参还林的举措。在参园种植的同时,就要求参农把松树或椴树苗栽上,待两三年人参作货后,再经过30年的生长,这里还可以成为适合种植人参的针阔叶混交林,这样,大自然赋予我们的有限资源就可以重复地被人类利用,虽然轮作周期长一些,但是经过休养生息后的林地种植出来的人参,品质也一定是最好的。

就在兴参镇的这片参园的北侧,还看到一块貌似荒芜的林地。据陪同我的镇领导介绍说,这是一块种过人参的林地,已经作货五六年了,原来参园里栽种的松树等树种已经成活。人参对土壤及环境的要求很苛刻,三四十年后,当这里的土壤还原成适合种植人参的状态时,我们的子孙还可以在这块林地上再次种植人参,大自然就是这样反复地为人类提供着宝贵的资源。

其实,政府在当初规划参园的时候,还是有计划地保留了一些原有树木,用来防风固沙以防止水土流失。虽说政府理论上是有计划地开发利用这些有限的森林资源,但在实际操作当中,基层是否按要求执行还是另一回事。所以说,要保持住这些有限的森林资源,不能为了眼前的暂时利益而过度砍伐啊!我们在人参上取得的这点儿利益,可是以破坏森林为代价的。"怎么平衡自然和人类生存关系"的问题,在这里又凸显出来。

用GPS定位仪测量抚松兴参镇山参基地结果:

海拔597米,北纬42°29′32.2″,东经127°14′05.5″,当时温度18.6℃,相对湿度25%。

先扫封底二维码
下载专用软件
鼎e鼎扫码看视频
山参基地看播种

通往紫鑫药业敦化林下参基地的路

敦化贤儒镇 紫鑫移山参

2014年4月20日早8点,我们准时从抚松县万良镇出发,沿着201国道向位于东偏北方向的敦化市而去。虽然身处长白山腹地,但毕竟是东北大平原上的长白山,所谓的山区公路,远比我在云南大山里寻茶时走过的山路好多了,只是过多的限速使我们的越野车在公路上跑起来感到很不爽。经露水河过大蒲柴河跨江源,于上午11点左右,我们终于来到了敦化市贤儒镇,全程行驶198千米。

贤儒镇,一个很有文化味道的地名,何也?

解放战争后期,时任吉东警备司令部第二旅第五团团长的江贤儒本是敦化人,在剿匪战斗中英勇牺牲,此地为了纪念江贤儒烈士而命名为贤儒镇。

原来如此！

在贤儒镇与紫鑫药业的一名向导会合，在他的引领下，我们又沿着一条曲折的土路向山里进发了。经过一段时间的颠簸，越野车停在一个叫战备沟工队的交叉路口，一条曲折不平且弯曲的山路通向远处的群山背后，听说那里有林业采伐队及军队的战备山洞，属于军事管理区，一般人进不去。就在路的前方不远处，有个叫清茶馆的地方，在清朝时，这里还是一个重要的交通驿站，古时候的驿站是人歇马不歇。那儿还有一股清泉流出，冬天不冻，四季常流，水流不大，每天能淌出百十来吨泉水。溪水中还有很多小虾，当地人管这种虾叫小狗虾。

沿着林间的一条崎岖不平的小土路攀援而上，穿过一道铁蒺藜大门，来到紫鑫药业在这里的一个面积达100多公顷的林下移山参基地。眼前是去年秋天

作者深入敦化贤儒镇紫鑫药业林下参基地考察

紫鑫药业林下参基地负责人在向作者介绍情况

移植的二年生人参苗，这里是一片典型的针阔叶混交林，山的坡度也很适合。种植移山参对坡度的要求很高，坡度太小，伏雨期雨量过大又不能及时排出的话，就非常容易烂参；坡度太大也不行，坡度太大下雨很快就排出去了，一是地表积水形成径流时会冲刷参地，二是雨水不能很均匀地渗透，容易形成局部干旱。而这里的条件基本能够满足林下移山参的生长要求。

当我的双脚踩在林下腐殖土上时，感觉脚下的确很松软。细看已经有些不知名的野花绽放，间杂一些不知名的植物，也都拼命从地下伸出头来，既娇嫩可爱又充满勃勃的生机。腐殖土层很厚，用手抓一把，很潮湿的土壤。这就是东北的山。东北的气候特点与南方的不同，因为有冬天的积雪，待春风吹来时，冰雪消融，会湿润雪下的地表，催生地表里的万

松软的林下参腐殖土

不知名的植物

防牛的铁蒺藜

参藏长白山 [雅贤楼茶文化]

物。

当天正好是谷雨节，远处的群山已经萌出新绿，绽出嫩嫩的新芽。就在我们脚下的某个位置，就可能有一棵移山参，刚刚度过零下几十摄氏度的严寒，正在蓄势待发，几天后就会破土而出，开始新一年生命的轮回。虽然此时我们还看不到人参的踪迹，但我们每走一步都小心翼翼，生怕惊动或者踩到腐殖土中刚刚睡醒的人参娃娃。

据向导介绍，林下参有两种播种方式，一是籽参，参籽播种后会受到鼠咬鸟啄，保证不了出苗率，二是移山参，就是把二三年生的头芦或二芦参苗移栽在山林下，费工费时，成本很高，但出苗率好。

我们眼下看到的是移山参，今年就是第三个年头了，还要在这里再生长15～20年，就成为有用的林下参了。

向导说，这100多公顷移山参都用铁蒺藜围上了，主要目的是防止牛群，万一有牛群闯进参园那损失可就大了。山参很有灵性，在生长的季节，非常怕打搅，如果被踩一脚，今年可能就出不来了，不过人参不会死掉，它会在地下蛰伏一年，第二年条件成熟的话还会出苗，我们管这种参叫"梦生"，所以说一般情况下，参园是不允许外人进入的。

当时，我还想到山坡的另一侧看看，向导提醒我们还是不要往林子深处走了，这个季节的树上有一种蜱虫，很讨厌。蜱虫俗称草爬子，是一种有毒的虫，尤其白色蜱虫毒性更大，被它叮到可能引起脑炎等疾病，严重的可致人死亡。还提醒我们再进山时最好到当地的防疫站注射防蜱虫疫苗，不然很危险。当时也没太在意什么

作者再次考察紫鑫药业的林下参基地

林下移山参已经开花了

可恶的蜱虫

蜱虫不蜱虫,等我回到宾馆准备洗漱时,还真从头上掉下来一只黑黑的蜱虫,第一次见到这种可恶的虫子,诛之。

用GPS定位仪测量贤儒镇紫鑫药业移山参基地结果:

海拔751米,北纬43°06′15.6″,东经128°10′10.8″,当时温度17.8℃,相对湿度25%。

虽说是100公顷这么一大片移山参,每平方米大约移栽一棵参,而且这些二芦参长势不错,但20年后,这些移山参的命运也是未知的,经过20年的风霜雨雪,历经严寒酷暑,加上山上野兽的啃食踩踏,真正能够成为被人们所用的山参,又能剩下多少呢?长白山天生地造的特殊环境,才孕育了人参这种灵物,所以要格外倍加珍惜。

2014年5月30日,我再次来到敦化市贤儒镇紫鑫药业的移山参基地。上次来时,树木刚刚吐绿,脚下还是一片枯黄,各种植物都在积蓄力量正要破土萌发,当时,我们只能看到各种植物的小芽芽,还分不清哪是人参哪是杂草,一个月后的今天才能在山坡上看到那些稀稀落落的移山参。

先扫封底二维码
下载专用软件
鼎e鼎扫码看视频
紫鑫敦化移山参

中俄边境地　参园南别里

2014年4月20下午，在敦化市贤儒镇紫鑫药业移山参基地考察结束后，我们又踏上前往中、俄、朝三国交界的边境城市珲春之路。好在从敦化经安图过延吉到珲春都是高速公路，越野车跑得酣畅淋漓。下午16点左右到达珲春市，全程行驶291千米。

第二天上午，考察团从珲春市动身，前往50千米外一个叫马滴达的地方，与前来迎接我们的参把头刘福贤会合后，再通过一个边境检察站，向距马滴答20千米之外的一个人参种植基地出发。

据刘福贤介绍，这个地方叫南别里，归马滴达镇管辖，是紫鑫药业在这里比较集中成片的人参种植基地，面积大约20公顷，目前已经移栽完成18公顷。这里过去都是人迹罕至的原始森林，距离中俄边境大约15千米，以前除了有当

过渡窖

过渡窖里的参栽子

兵的去哨所以外，很少有人来，太偏远了。参园都是在针阔叶次生林地开垦出来的，厚厚的腐殖土下有活性黄土，坡度朝向也非常适宜种植人参，这里靠近日本海，具有典型的海洋性气候特征，在这样的环境中才能种植出品质超群的长白山人参。

　　的确，这里的气候明显比我们刚刚考察过的抚松一带温暖多了，远处群山中的树木已稍有绿意，脚下的小草已经露出了嫩芽。

就在这条土路旁边的参园里，我们看到一个有点儿像战地指挥部地堡一样的建筑。刘福贤介绍说，这是过渡窖，开春能起参苗的时候，把从栽子（栽子：参苗）地起出来的二年生参栽子，经过挑选分出头芦、二芦参栽子。所谓头芦，就是体形稍大、肥壮的二年生参栽子；二芦，体形稍小的二年生参栽子。存放在差不多恒温、恒湿的过渡窖中，在这个环境中，参栽子就不会很快发芽，以保证新移栽的人参成活率。因为参栽子稍一放叶，俗称直钩，成活率就下降了，所以一定要把参栽子放在过渡窖中保存。

说话间，有参农已经把参栽子装上三轮车准备运到正在移栽的参床上。我们也正好坐上三轮车，沿着那条颠簸的土路看看参农是如何把参栽子移栽到参园中的。

我们坐着三轮车前往参园的过程中，迎面驶过来两辆军车，看到我们手中带有摄录设备，还很警觉地盘问，查看证件。好在我是为考察长白山人参资源而来，不然可能还会惹出麻烦。听刘福贤说，这是一条通往中俄边境一个哨所的战备路，从这儿到中俄边境十几千米，开车也就十几分钟。这块参园是最靠边儿的，不能再往前走了。

乘坐三轮车去参园

参园的地头儿，摆放着开春儿时就准备好的柱脚，它要用几年的时间，为人参支撑起一片成长的空间。

参园里的女参农们正在紧张地移栽着人参。为了更直观地了解参农如何移栽人参，我忍不住和参农一起干起活儿来。

长白山肥沃的土质真是天下难寻，经过整理养护的参床很疏松，手一伸就能轻松插入土壤之中，抓一把似乎都能攥出油来。

在参农的指导下，慢慢地我也找到了干这活儿的窍门。

首先用铁锹沿宽度约170厘米的参床横向挖出一条大约20厘米的沟，整理成约25度的坡度，然后把参栽子顺着坡度依次排列，如果栽头芦，每行栽23~25棵；如果栽二芦，每行栽30棵左右。移栽的时候还要认真辨认，凡参栽子直钩了，也就是芽苞破了，就不能栽了，栽在地里向上生长没劲儿，可能导致掉苗。参栽子距离池

移栽成行的参苗

像这样芽苞一破的参苗就不能移栽了

面的高度是四指厚的土，不能埋得太浅，要给后面刹池子的工序留出空间。

看我像模像样地体验移栽人参，参农鼓励我说，徐老师栽的都能长成大人参。我笑着说，都长成大人参可能不现实，我倒是听说，在参园里有个很奇特的现象，每行人参中，都有一棵长得大一些的，是不是这样？刘福贤接过话茬说，确实这样，谁也说不明白是咋回事儿。是不是在每行参中都有一个小参王，就像我们人类，干活儿还得有个小组长呢。

看来，人参确实有灵气！

接下来，我又体验参床上棚前的刹池子，之前在抚松也见到过这个工序，我知道这道工序的原理是松土兼去掉池面杂物，利于参苗出土。我们一再说，人参是有灵性的，如果此时的人参受到外界刺激太大，比如说，被人踩一脚，或者一块石头压在了头上，就有可能不

松土兼去掉池面杂物

平整的参园

出来了，藏在土层之下蛰伏起来，等第二年春天条件成熟时而破土而生，俗称"梦生"。

清水沟、培池帮是个力气活儿，顺着参床的方向用铁锹把水沟清理干净，目的是让接下来的田间管理作业道干净，排水顺畅，同时加固参池的边缘。

就在移栽参园的对面，是一块新开垦的参园，远望近看还都是横七竖八

参藏长白山 一雅贤棒茶文化一

珲春南别里参园卫士——二黄

先扫封底二维码
下载专用软件
鼎e鼎扫码看视频
边境参园南别里

清水沟、培池帮

的枯树根,据在参园干活儿的参农桑才玉讲,这里去年还是与远处山头一样的树林,去年秋天树木刚采伐完,都是用人工刨的树根,挨老累了。经过去年冬天、今年春夏的整理、醒地,等到秋天的时候就能播种了。3年后,人参作货,在这块地上如果再想种植人参,就是30年之后的事儿了。现在弄块参地非常不容易,资源太少,这些都是政府有计划开垦的参地,一般人是弄不到的。他在紫鑫药业南别里这20公顷参园中,承包了其中的3.6公顷,这两年人参的行情不错,挺有盼头,累点儿也高兴。

从那张饱经风霜的脸上,也能读出此人在种植人参方面很有经验。

用GPS定位仪测量紫鑫药业马滴达南别里人参基地结果:

海拔205米,北纬42°53′49.5″,东经130°50′51.9″,当时温度20℃,相对湿度51%。

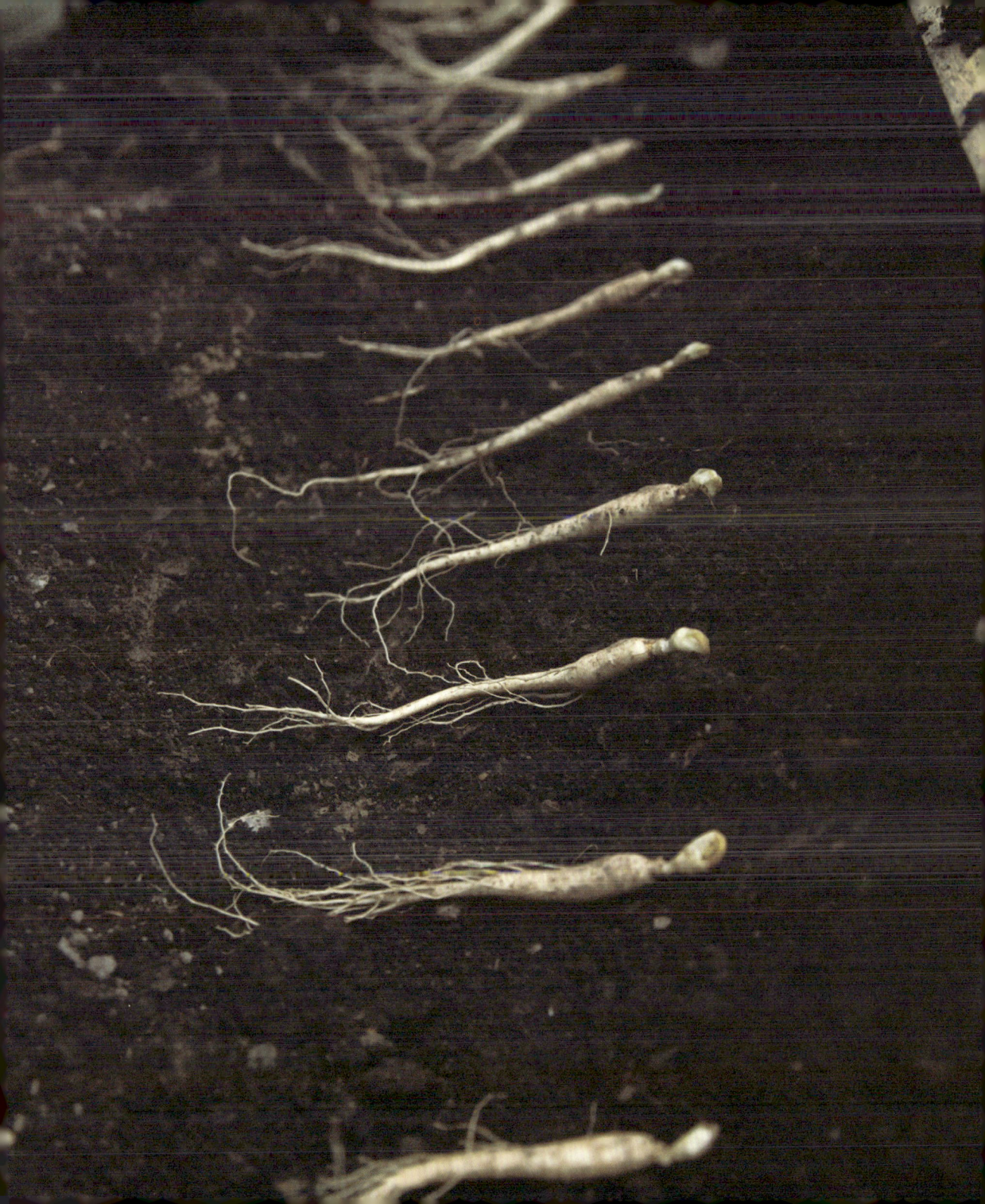

被参农尊为二哥的参把头刘福贤

珲春参把头 名叫刘福贤

从南别里人参基地回到马滴达，趁着吃饭前的空当，与刘福贤聊起与人参有关的话题。

初次见面时，我对此人印象不错。在以后长达3年多的反复考察接触的过程中，证实了我此时的判断。

刘福贤，1967年生，抚松人，1996年搬到珲春市，一直从事人参种植工作。

父亲17岁时从山东来到东北，落户抚松县万良镇，跟着山东早年来的老乡一起为生产队种人参。刘福贤24岁时，开始跟随父亲种了6年人参，在万良这块土地上积累了丰富的种植人参的经验。

其实,他是在1990年开始在抚松县榆树乡种植人参的,只是那里的参地越来越少,于是决定到外地找一找,看是否有适合人参种植的地方。于是在18年前,经过考察,发现中俄交界的珲春周边的大山里,自然条件非常适合人参种植,只是那时珲春还很少有人种植人参,于是决定搬到珲春,开始了漫长的种植人参的历程。

目前,他带领兄弟姐妹6个家庭,在珲春共种植了10公顷人参,能有10 000多丈,万丈参园,是远近闻名的人参种植大户。2013年作货2万多千克水参,收入288万元,所以说,他很感谢紫鑫药业,参农们都说,如果没有紫鑫药业,人参行业就没有今天的繁荣景象。

作者在珲春马滴答南别里参园采访刘福贤夫妇

说起种参人的辛苦，刘福贤一脸的无奈，种参人吃的苦是不能简单地用辛苦来说的，得跪在地里侍弄五六年才能起参，现在还好，人参价格合理参农还能有利可图，过去的时候，盼着起人参，却卖不上价，有的连银行贷款也还不上。

2010年之前，真的是谁家种人参谁家可怜，参农家如果有两三个小伙子，听说这家是种人参的，谁家姑娘都不愿意嫁，说媳妇都困难。如今正好反过来了，谁家有参园那还了得，种参就等于财富啊！

现在，谁家参园起参都庆祝一下，有的还杀猪宰羊放鞭炮，过去到了起参的时候，都是悄悄地上山，看着地里起完的人参，媳妇坐在地头偷偷地落泪，辛辛苦苦跪在地里干了五六年，盼着丰收。等到了收获的季节，能作货上市了，这么好的人参在市场上的价格却很低，家里的参起得越多越犯愁，起得多说明投入大，赔得也越多。银行贷款还不上，有的人就寻短见了。在他认识的人中，仅在珲春市，1989年，有个女参农喝农药死了；1998年，还有个男的，种了不少参，最后还不上贷款，上吊了。

参农真的是在苦与泪中度过来的。如今好了，在紫鑫药业带动下，参价提高了，参农的收入增加了，积极性也高，干劲儿也足。原来有些参农因还不上贷款偷偷跑路的，如今也都回来主动把欠银行的本息归还了，谁不想要个好信誉呀，只是当时种人参赔钱，实在还不上，跑路是没办法的办法。现在，人

参的行情好了,挣了钱就得还,欠账还钱天经地义。今天的银行也愿意把钱贷给参农,所以说,紫鑫药业积德了,他们对参农、对银行来说,简直就是大救星!原来那些还不上贷款的人,如今也都还上了欠款,种植了新的参园,盖了新房,多数人还都买了小汽车。

18年前,刘福贤兄弟姐妹6家刚来珲春市的时候,每家贷款6万元,共计36万元,以前每到还贷款日期临近的时候就犯愁。去年参行好,他们一下子就还清了贷款。谁能体会到他们背了多年的债务包袱一下子卸去了,当时的心情是什么滋味?

"我们是参农,就知道好好种参,生产出品质优秀的人参,至于市场是怎么回事儿我们也搞不懂,但我知道,长白山的人参是最好的人参。我们自己种的人参心里有数,凭什么

茁壮生长的参苗

人家韩国人参卖得那么贵，而我们的人参卖不上价，这是为什么？其实很多韩国人参就是从我们这里收购回去加工后又卖回来的。"

东北人的实在豪爽、诚恳憨厚都在这个本本分分、勤勤恳恳的参把头身上体现无遗。是啊，为什么这么认真本分种出来的人参，这么金贵严苛生长在大山里的人参，却得不到它该有的价值和认可呢？第一次寻访结束之际，刘福贤的这个疑问始终在我脑海中回荡，这大概是很多参农朋友们的疑问，大家都希望自己侍弄了一辈子的宝贝们物有所值啊！

娇嫩的人参花

二访参山多特色

有了第一次寻访人参的经历，第二次进山采访时我们计划要更深入了解长白山区各人参主产区的情况。分区考察不但能使考察更全面，我们也希望能够寻得不同产区长白山参和人参产业的特点。带着上一次的感慨和疑问，我们开始了第二次寻参之旅。

集安：宝地深处藏边条 栽培专家有话说

非林地种植 专家得专利

2014年5月26日，按照考察行程计划，"参藏长白山"考察团早晨7点多就从长春出发，直奔塞外小江南——集安。

不愧为塞外小江南，这里不但有怡人的气候，还有诸多历史名胜，将军坟、好太王碑、丸都古城等等古迹，还有极具特点的集安边条参。心中充满期待，满眼的风景也更可人了。

五月末的东北正是稻田插秧的季节，成片的稻田里到处都是农民忙碌的身影。河水静静地流淌，公路两旁的树木早已吐出新绿，迎面送来阵阵清新，随着越野车快速地向后退去，接踵而来的又是满眼的嫩绿。欣然间我们已经来到集安市，全程行驶约480千米。

迎接我们的是集安市人参研究所前所长郑殿家先生。

听人介绍，郑殿家本是集安国营一参场子弟中学教化学的老师，1980年被调到集安市人参研究所，从做试验员开始，进行了半辈子的人参研究工作，1998年担任集安市人参研究所所长，今年3月份主动退休，把所长的位置让给年轻人去担当，自己做些指导性的工作。

我在考察前与长白山区人参主产区各市县领导沟通时一再强调，一定要找到能把当地人参产业情况说明白的人陪我考察，以便我了解到最真实的人参产业状

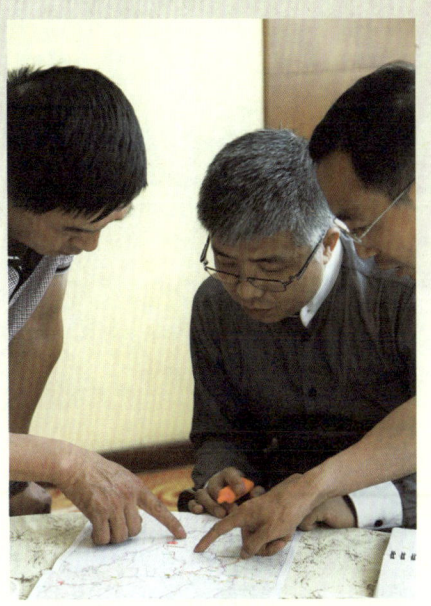

作者与郑殿家老师一起讨论路线

作者与郑殿家老师一起查看当年生参苗

遮光防晒、防雨防寒的复式棚

况，看来，集安的人选对了。同是教育工作者，我更习惯称呼郑殿家所长为郑老师，感觉这样的称呼更亲切些。

郑殿家老师对人参产业最大的贡献就是找到了在非林地种植人参的方法，克服了一个世界性的难题，发明了遮光防晒、防雨防寒的复式棚，并取得了专利。

其实，这里所说的非林地，在很早以前也是林地，只是当初人类把树林砍掉后种上了粮食等作物。但不管怎么说，毕竟不是现在砍伐树木开垦成的参地，所以一直是人参种植的禁区。而郑殿家老师经过多年的研究试验，已经取得了突破性的进展。如果利用非林地种植人参普及开来，这样就既能保证人参种植面积，满足市场的需要，又能减少毁林种参，保持住长白山

先扫封底二维码
下载专用软件
鼎e鼎扫码看视频
人参专家郑殿家

森林的原生态环境。非林地种参是人参产业可持续发展的必经之路，未来是人参发展的大趋势。现在长白山区的人参种植都是以牺牲自然生态为代价的，森林一旦被砍伐，几乎无法恢复到初始状态，虽说现在提倡退参还林，但人工种植树木品种单一，与原有的天然杂木林有着本质的区别。

说话间，我们已经来到一个在郑殿家老师指导下的非林地参园。这是1倒4的参园，也就是把1年生的参苗移栽到这块参园中，又生长了4年，明年秋天就可以作货了。从人参地上茎叶部分生长的状态上看，这里的人参生长得很茂盛很健康，差不多有50厘米高，油黑浓绿，已经开出了漂亮的人参花。

郑殿家介绍说，这里大面积采用的复式遮光棚，是完全自主知识产权的技术，在传统的基础上，经过自己多年研究，也借鉴了美国、加拿大、韩国的技术，最后搞出我们自己的一套生产模式。

作者在集安参园采访

这种复式遮光棚的好处：

1. 增加遮光率。人参叶片中缺少一种栅栏组织，不易散热，因而怕日灼。

2. 隔雨打。下雨时，雨滴打在遮阳网上后垂直散落，不会直接打在人参叶片上，因为人参最怕伏雨。

3. 保温。每年秋分前后，人参秋天的枯萎期最少推迟10天，延长生长期，提高产量。

在集安地区，也有一些采用韩国的人参种植技术。因为韩国土地资源少，他们的人参基本都是在大地种植，并且是重茬轮作，有很丰富的经验。所以，我们最早也请韩国人参专家来指导，再结合自身的特点摸索出来的一套经验，逐渐地都本地化了。我们对面的参园种植方法采用的就是韩式连接棚——一面坡，优势是通风好，棚下空间大，很适合非林地种参。

在去年作过货的参园上播种试验

通往集安新开河参园坎坷的山路

集安边条参 藏在大山里

考察完这两块非林地种植人参基地，我们在郑殿家老师的带领下向北进发，这是沿着一条山间小溪走向而修筑的村级公路。也许，我们中华文明的老祖宗都是择水而居，谁也逃不出这条自然法则。路况极差，有的路段汽车还得涉水而行。越往深山里走，路越难行，坡度也越来越大，路也越来越窄，窄得路两旁伸出的树枝不时地抽打着车窗，抽得司机小林很心疼。就这样，我们一路颠簸着挤进了大山深处的集安新开河人参基地。

集安新开河人参种植基地距离集安市约80千米，是典型的长白山区地貌特征，这里纯粹是伐木毁林开垦出来的参地。远望参园中间，还可以看到稀稀落落的大树，这些大树如何得以幸存？郑殿家说，这些是黄菠萝树，是濒危物

集安新开河参园的固体连接棚及参园中的黄菠萝树

种,国家级保护,在长白山里的人都知道,这树可砍不得,如果谁砍了几棵这种树,是要被判刑的。所以这里在开垦人参园的时候特意留下了这些树。

我无法预测这些幸存下来的黄菠萝树未来的命运,我只是想说,原来这些大树与周边各种杂树是一个共生体系。如今,人们为了种植人参而砍掉了与之共生的树木,是否已经打破了这里的自然系统的平衡状态,要知道,种过人参的地方,想重茬再次轮作都要30多年之后,这些国家不让砍伐的树种,留下来就会在这里一枝独秀、自然地生长吗?我们在慨叹大自然无私馈赠的同时,是否应该反思对大自然的索取是不是太过分了?人参的确是人类所需的好东西,但以破坏森林资源为代价,到底值不值得?这是值得人们深思的问题。

在新开河人参种植基地,我们找到了这里的负责人周宝全,45岁的壮年汉子，1987年从老家辽宁来到这里，19岁初中毕业就开始种植人参直到今天，如此说来，他也算是一位老参把头了。

据周宝全介绍，新开河人参种植基地最开始隶属于集安参茸总公司，后来被南方的一个药业公司收购了，现在看来也差不多是集安最大的人参种植加工企业。

公司在这里种植了20公顷1～6年生的边条参；还有一块约有48.6公顷的人参种植基地，另外还有10.6公顷人参种植基地是采取公司加农户的模式，所以还是有一定产量的，所产之参基本都是药业公司自己做原料用。

我们沿着参园边一条蜿蜒曲折、开满各种野花的小路向山上的参园行进，主人边走边介绍着新开河人参种植基地的基本情况。

山野小花

主人向作者介绍新开河人参种植基地的基本情况

一年生人参叫三花

三年生人参俗称"二甲子"或"灯台子"

四年生人参叫四品叶

五年生的人参叫五品叶

这里有各个年限种植的人参，老周指着小路旁边的小人参苗说，这是去年秋天播的种子，苗长得很好，一年生的人参叫三花；这边是二年生的人参叫五叶或叫巴掌；那边是三年生的人参已经出来两个巴掌，俗称"二甲子"或"灯台子"；前面还有去年刚移栽过来的四年生人参叫"四品叶"。像这种用三年生的参苗秋栽过来的叫"新栽"，有个缓苗的过程，长势要晚一些，生长状态感觉有些弱；五年生的人参叫"五品叶"，这是用一年生的小参移栽的，叫"陈栽"，不用缓苗，所以长势就好……有的还可能长成"二层楼"，还听说有长到九品叶的，老周倒是没见过。现在正是人参开花的季节，一般情况下，如果留参籽的参园，就不掐花了，八月末收参籽，园参在这五六年的生长过程中，想留种子，也只能结一次籽，留籽次数多了，人参就长不大了。不留参籽的参园，参花必须掐掉，这样利于根部的生长。人参花也有很高的利用价值，人参浑

集安新开河参园

身上下都是宝,没有可以扔的东西。

集安这里的土壤里含有碎沙石,透水透气性好,山坡坡度在20~25度左右,所以比较适合边条参的生长。

种植边条参一般选择2-2-2制,也就是首先把二年生的参苗,按照大、中、小、次小分出一芦、二芦、三芦、末芦,在另一块参园移栽2年,起出后再修剪整形,也叫"下须",再移栽到新参园生长2年,如此算来,边条参最少要

先扫封底二维码
下载专用软件
鼎e鼎扫码看视频
新开河人参基地

吸收3块参地的营养,生长6年或更长时间。在后面的采访过程中,我们就起出过生长9年的边条参。

我们看到,集安新开河参园的遮光棚似乎与其他地方的有所区别。郑殿家说,这叫固体连接棚,就是在两个参床上方架棚,也是新开河人参种植的一大特点。好处是抗风、抗日晒、抗雨淋、通风效果好,也算是因地制宜了,这种参棚结构在这里比较适合。

作者忍受病痛体验人参棚中的工作

在我们考察的参园里,参农们正在进行清水沟、培池帮工作,处在连接棚中间位置的水沟清理起来还好,人是可以低头站立的,而在两个棚与棚之间的水沟清理起来就不是那么容易了,由于人参种植遮光棚的结构决定了薄膜到地面的高度只有75~80厘米,所以,无论是像清水沟这样动体力的活儿还是拔草施肥等田间管理,人也都必须跪着爬着工作。

为了切身体会一下参农在这低矮的

参农们正在进行清水沟、培池帮工作

空间里跪爬着工作的感受,我虽患有腰椎间盘突出症,此时还在隐隐作痛,但还是低头猫腰钻进了人参棚中,来到参农面前。说实在话,我只是进来感受一下,而我们的参农,终年都是这么默默无闻地在这样低矮潮湿的环境中干活儿,他们是最辛苦也是最可爱的人。我们在使用人参产品的同时,一定要怀着一种敬天、敬地、敬人、敬大自然的崇敬之心,那可是参农跪着爬着、用了五六年的时间才种植出来的百草之王啊!

用GPS定位仪测量集安新开河人参种植基地结果:

海拔812米,北纬41°06′54.0″,东经125°58′18.0″,当时温度30.4℃,相对湿度53%。

集安新开河参园参花待放

郑殿家老师介绍他发明的复式棚

所长郑殿家 细说集安参

前一天，我们从山里的几处人参基地考察回到集安市已经很晚了，通过短暂接触，郑殿家已经对我有了初步的印象。在以后的几次考察活动中，郑殿家也反复强调，徐老师你和别人不一样，开始领导给我接待任务时，还以为你和以往省里来采访的媒体一样，到这儿转转做做样子就走了，没想到你工作那么认真。在新开河参园，我没想到那么低矮的参棚你能爬进去考察，并且你的腰还不好,看来你是动真格的了。

有了郑殿家老师的认可,我也信心十足了!

说起这位郑殿家老师,也是位个性十足的人,从事了30多年的人参研究工作,当了十六七年的人参研究所所长,是位纯正的人参专家级人物,不是谁都认可的主。刚刚接触时,就感觉到此人的个性。今天再次见面,早已不是初次见面时的印象,明显感到他很愿意跟我聊一些关于集安的人参产业状况的话题。

2014年5月27日早晨,在温暖柔和的阳光下,开始了我们的谈话。

郑殿家老师说,历史上人参就是以稀为贵,多是皇室帝胄、达官显贵享用,老百姓用之甚少,也用不起。集安的人参最早都是野生的山参,也是经过一个漫长的过程逐渐过渡到家植的。最初长白山的人参主要用于进贡,随着贯族对人参需求量越来越大,野山参被采掘得越来越多,森林中的存量相对就越来越少。我们都知道,最早人参主产区在太行山脉,随着人类活动的增加,森林的

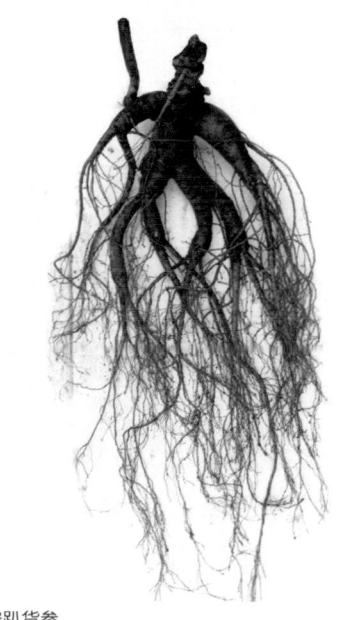

集安趴货参

集安边条参

消退、减少,那里的人参资源几尽灭绝。

长白山山脉的人参自古有之。以集安为例,这里一千七百年前就有关于采掘、应用人参的历史,这与高句丽文化息息相关。公元425年,高句丽在此建都。同时期的《人参赞》中就有"三芽五叶,背阴向阳,欲来求我,椴树相寻"的记载。从这段文字上可以看出,很多人参就是出自这里。当时,这里的放山人也是把在放山过程中采集到的稍小人参,移栽到居住地附近的林地里,逐渐演变成现代参园的,各地人参发展演变基本都是遵循这个过程。

集安有规模地栽种人参的历史大约有500年,这里区别于长白山其他人参产区的地方就是边条参。

集安的农家人参品种基本是：大马牙、二马牙、长脖、圆膀圆芦。大马牙个大，但形不好看；二马牙中等个，形美如人身。集安边条参的形态，基本就是二马牙品种。

集安气候特殊，素有塞北小江南之称，年均气温7.5℃，降雨量在882毫米，自然环境好，土壤是灰中壤，含沙量大，并且是活黄土，腐殖土中有沙粒，透气透水性好，并含有各种有机元素；山高坡陡，多数都在22度以上，非常适合边条参的生长。

种植边条参的特殊之处是，选出2~3年的参苗，人为整形下须（剪去艼须等），由于集安特殊的土壤使人为整形后人参伤口不坏，能很快愈合并能正常生长。就这样,每2~3年人为整形下须一次,一般修剪两次,吸收三块参地的营养就是成品边条参了。

历史上,边条参的价格就优于其他区域的人参价格,就算是在计划经济那个年代,边条参的价格也是普通参价格的倍数,现今边条参的价格也要高出普通人参价格50%以上。

1949年以前,主要是农户种参,土改后,在1955年成立了国营一参场,1958年成立了二参场。那个时候,个人不允许种人参,上世纪70年代末80年代初,成立了集安参茸总公司,号召国家集体个人一起上,山参园参西洋参一起上。人参面积迅速扩大,联营社队、个人一起种参。到80年代末期,集安

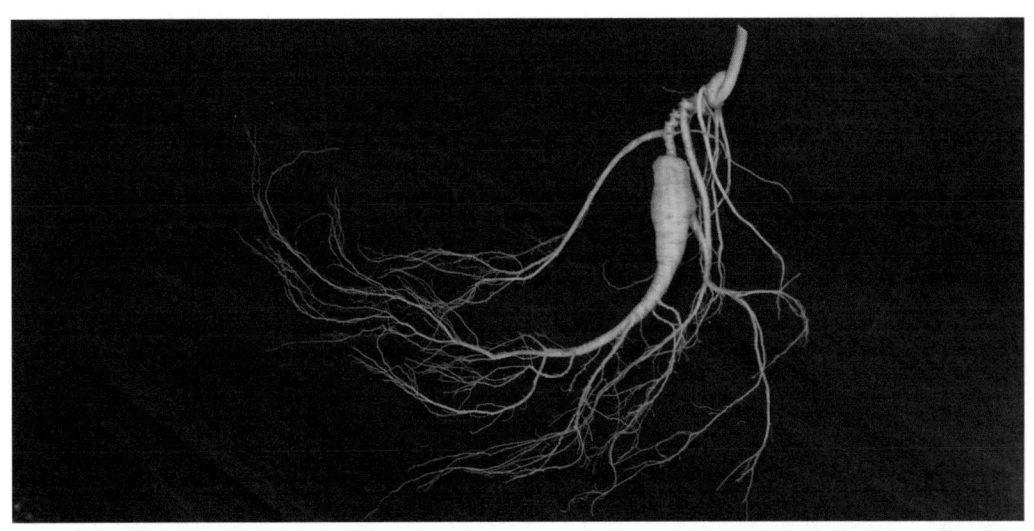

人参种植面积过大，无论国际还是国内，人参是作为药材供应市场的，药材市场需求有限，供大于求，造成人参价格大跌。不像现在，提倡药食同源，人参可以进入食品序列了，这市场就大了。据说韩国人均使用人参达到420克，仅韩国每年就得消耗鲜人参2万吨。吉林省是世界上人参产量最大的区域，不过年产鲜人参在2万吨左右，如果中国人像韩国年人均消费420克人参的话，我们得用52万吨。所以说，人参不是多了，而是远远不够用，只是我国百姓还没有认识到人参的价值，人参作为食品也是2012年刚刚放开的，所以说，当人们认识到人参的重要性之后，人参就会成为紧俏货了。

在集安地界，真正的好参场还是要数新开河流域的参场，那里原来就是一、二参场的地盘，现在被南方药厂收购了。

集安的园参公开数字有47万帘。这里所说的一帘，指参床宽150～170厘米，长10米，帘是集安人参行业通用的计量单位。林下参公开数字说是有15万公顷，实际可能达不到这个数字，因为都是个人承包山林播种，统计起来比较麻烦。

郑殿家接着说，集安人参研究所归省科技厅下放地方的科技局管理，在2011年又成立了特产局，对集安相关行业进行行业管理。研究所成立之初，资金还是比较充足的，那时只要有项目上报，就能得到批复，我们也就是在那个时候建立了人参实验基地。

其实郑殿家在研究所建立之初就在非林地上做种植人参的试验。在这个过程中，从大山原土种植到非林地种植，有成功的经验，也有失败的教训。主要还是毁林种人参的传统观念，人们一直认为人参就必须是种在山里的。在非林

地种植人参没有成功经验之前,也是冒着很大的风险。1987郑殿家就承担一个在非林地种植人参的项目,搞了四五年,效果很好。1993—1996年,这一时期人参在非林地种植面积不大。一直到2003年,郑殿家还是认为非林地种植人参是发展的趋势,所以大力提倡在非林地种植人参。当时,共5个人租地种植了60多亩,复式棚就是在那个时候发明的,并申请了专利。

作者与郑殿家老师在集安参园考察

在计划经济年代，集安人参种植面积实际不大，后来，随着人参产业的发展，尤其韩国在非林地种植人参技术的引进，又结合自身特点，总结出了一整套集安特有的非林地种植人参的技术。加上省里有关部门也很重视，推动了集安人参产业的发展进程。

长白山区的几个农家品种大马牙、二马牙、长脖、圆膀圆芦以及西洋参都可以在非林地种植。集安在非林地种植人参方面还是有很成功的经验的，产量也不错，每平方米能达到2~2.2千克。当然了，非林地种植人参也存在问题，比如说土地酸化、各种有效元素是否达标以及作货后遗留在土地中的有害菌等问题，还有待进一步研究。

通过这次深入的对话，我们可以了解到人参在市场层面的发展变迁。人参是宝大家都知道，靠山吃山的长白山区的参农也是看到了这一点才会大面积种植，大规模的种植形成了"供大于求"，导致价格下跌。时代变迁，全球一体化，让人们发现人参更大的使用价值和消费市场，相信在这样的时代背景下，更大市场需求一定会给长白山人参带来新的春天。而更科学环保的种植技术、更精细深入的加工开发、合理高效的销售路径，才是当代以参为生的人们应该去思考和创新的关键点。

静谧秋皮村 专种林下参

2014年5月27日上午,考察团在郑殿家老师的陪同下,从集安市出发,沿着中朝边境鸭绿江沿岸公路向东偏北的方向出发。这虽是一条战备公路,但整体路况还好,车也不是很多。此时还没到雨季,鸭绿江水面不是很大,静静地流淌着,对岸朝鲜的群山时时扑入眼帘,毕竟那是个神秘的国度。我们坐在车子内欣赏着、议论着,不知不觉间来到一个叫秋皮村的地方,据说这里的林下参种植很有名气,而且还有一定规模,所以决定前往一探究竟。

郑殿家老师早就与村书记沟通好了,村支书老丁因有事情要忙,特意委派村里的会计张文书带领我们到山里的林下参基地考察。

进得村来,看到农民的房屋都很整齐,街道也很干净,可以感觉出这个村子

集安秋皮村的林下参,就藏在大山里

挺富裕。

老张带领我们从村头走下一段陡坡，穿过一片农田，跨过一湾清澈的小溪，踏上一条通往山里的毛毛小道。毛毛小道的两边开满不知名的野花，默默地散发出迷人的清香。此情此景，使人从内心深处真正感受到大自然那种朴素的美。

老张边走边介绍沿途随处可见的各种植物，这是山芹菜，那是芹菜幌子，什么细辛、野鸡膀子、苦麻子、三枝九叶草、山糜子、酸溜溜……那些城市里人认为纯绿色的山野菜在这里随手可得。

感恩大自然的馈赠！

作者在张喜才带领下走进秋皮村林下参基地

路边的劈柴垛

在半山腰，碰到前来迎接我们的林下参基地主人乔德生，无论从动作、神态、外表怎么也看不出老乔已经是60岁的人了。在老乔的带领下，我们继续沿着这条曲折的山间小毛毛道向山里前行，当转过一块巨石之后，发现小毛毛道被大约1.5米高的尼龙网拦住了。老乔说，这是用来防野猪的拦截网，现在生态资源好了，野生动物越来越多，尤其野猪，繁殖速度特别快，野猪是国家保护动物，还不能打，没办法只好被动地拦截。万一不小心被野猪群逮着进入参地，那麻烦可就大了，野猪祸害人参还专挑大的拱，一来一大窝，防不胜防。

继续向山上攀爬，就在小毛毛道边上，我们发现一棵生长了大约20年的林下参，此时这苗五品叶林下参已经开出了淡淡的参

跨过一条奔流不息的小河

钻过拦挡野兽的尼龙网

花，正在茁壮地生长着。抬头打量一下这里的生态环境，真的很适合林下参生长。阳光从高高的乔木树叶间洒下，照在稍微低矮的灌木之上，而林下参就生长在被层层保护之下的环境之中。难怪我们的老祖宗在长期的放山活动中总结出寻找人参的经验：三丫五叶，背阴向阳，欲来求我，椴树相寻。的确，椴树叶子肥大，正好能为人参遮风挡雨，在椴树下寻找到人参的概率自然就大得多了。

老乔说，在我们右手边树林下的山坡上就有很多林下参，已经种下去十几年了。

通过仔细观察，这里特殊的气候环境、土壤特点、树木种类真的太符合人参生长的条件了，只有在这里才能孕育出纯正的长白山林下参。未来几年，当这里的林下参成熟能够起出来的时候，便会走进千家万户，那会给人类健康带来多大的好处啊！要知道，根据科学测定，十五六年以上林下参的有效成分，就已经和野山参相差无几了。

高高的乔木

作者记录林下参的生长情况

正走着，老乔从地上随手拿起一个外形有点儿像京胡一样的工具，说这是捕鼠器，我怎么看也不得要领。老乔现场演示了一下说，山里有无数的田鼠，由于这里腐殖土层比较薄，田鼠都是贴着地面挖洞，从地表上能看出鼠洞的走向，他们就把这个捕鼠器放在鼠道上，当田鼠经过时碰到机关，就会被逮住。还有一个办法，就是用石头砸老鼠，就地取材，找块相应的石头，下上机关，田鼠一动，必被砸死。这些都是被逼出来的办法，用尼龙网能防住野猪，但没办法防住田鼠，而田鼠又是林下参最危险的敌人，有时上山的时候都能捡到一抱被田鼠咬死的参秧，那个心疼啊！又不能下鼠药，一是鼠药对环境有污染，更关键的是田鼠被药死后可能又被看参的狗吃掉，如果把狗给药死了，得不偿失啊！狗是参园的卫士，种参没有狗可不行。

像京胡一样的捕鼠器

参农就地取材，用石块做成的捕鼠器

老乔说，别看我们秋皮村园参种得不咋地，可种植林下参却不含糊，在长白山区说起秋皮的林下参没人不知道。他又指着眼前的一片林下杂草说，这里曾经种植过林下参，起货五六年后，他又试着播过种子，结果头一年还真出来了，第二年就没了不少，三四年后几乎一棵没剩，说明林下参对环境要求很高，短期内是不可能重茬种植的。

据了解，老乔原来是村里的司机，在这片山林中种了100多亩林下参，已经12~16年了，今年秋天就能起一部分货。大货每棵差不多能有六钱多重，大约30克，按目前行情在当地最少也能卖三四千块钱，品相好一些的能上万。家里5口人，妻子、儿子、媳妇和小孙子，在村上还开个小饭馆，小日子过得相当滋润。

听老乔介绍，秋皮村这样的林下参差不多能有530公顷，村上有410户人家，1260口人，目前人均年收入能达到6000元以上，在秋皮村，因种参发家的人很多，村里已经有30多台小汽车，很多人都在集安市里买了房子，夏天回来种参，冬天就都回城里猫冬去了。

用GPS定位仪测量集安秋皮村林下参基地结果：

海拔565米，北纬41°23′02.9″，东经126°24′52.4″，当时温度25.8℃，相对湿度51%。

先扫封底二维码
下载专用软件
鼎e鼎扫码看视频
集安秋皮林下参

白山：深山腹地寻参场　沃土密林好光景

临江参发展　岗上大平原

　　2014年5月27日，在秋皮村林下参基地考察结束之后，告别了郑殿家老师，我们继续沿着中朝边境鸭绿江沿岸公路朝东北方向前进，前往下一个目的地——临江。

　　我虽说是吉林人，长在长白山脚下，但我与大多数吉林人一样，很少有机会到这么偏远的边境城市走一走，临江，之所以能让我们耳熟能详，就是解放战争时期的四保临江战役。

在鸭绿江中游,位于吉林省集安市和朝鲜慈江道满浦市境内,有一座中朝共建的云峰水电站,所以从秋皮村向临江方向属于库区之内,库区内的水在阳光下显得波光粼粼。抬眼望去,对岸朝鲜的青山绿水此时也似乎充满生机。沿岸公路虽然曲折难行,但有异国风景好看,我们还是坚持沿着这条公路向临江进发。只是路越来越难走,弯路太多不说,还不时有山上的滚石落到路面上,使我们的越野车走走停停,在这样的公路上我们走了差不多二三十千米,一堆山上滚下的巨石挡住了去路,已经无路可走,只好原路返回,在一个叫三道沟的交叉路口向正北方向经红土崖绕道白山市,又转向东南方向,经石人过花山,下午4点左右,历经千辛万苦的考察团终于来到了临江市。

临江,一座很紧凑的小城市,静谧而安详,隔江与朝鲜相望。

迎接我们的是临江市特产中心主任刘凡先生。晚餐后,自然聊到临江人参产业的发展状况。

长白山区三道沟隧道

据刘凡介绍，临江分3个气候带：苇沙河、大栗子、四道沟、六道沟属于沿江气候，温暖，无霜期长，差不多有145天无霜期；花山（头道沟河）、闹枝（二道沟河）、蚂蚁河属内河气候，适合种植蔬菜、粮食等农作物，森林植被很好；桦树、宝山（六道沟）属高寒气候，适合种植人参。临江的人参资源分布在海拔800米以上，目前统计临江人参面积在287万平方米，2013年作货面积在44万平方米，出产鲜参在840吨左右。其中有林下参种植面积在2133公顷上下。

临江的人参种植方式还是传统的伐木毁林种人参，由于土地肥沃，适合人参作物的生长，产量也很高，新参园产量能达到每平方米3千克左右，2013年平均是每平方米2千克，可能有的参园轮作，所以产量偏低。

临江在1985年建区时，那时候人参行情好，人参作为集安的支柱产业，一度达到280万平方米，1989年之后，人参价格一落千丈，甚至有的参农弃管，最低时，临江人参种植面积还不足23万平方米。

第二天早晨8点整，考察团在临江市特产中心主任的陪同下，沿鸭绿江溯流而上，前往距离临江市约42千米的一个叫东北岔村的人参种植基地考察。

车行到四道沟，我们驶向一条窄小的盘山路，虽说是通往村里的公路，但路况还不错，就是弯道太多，好在我的司机小林是从部队复员回来的驾驶员，技术很过硬，日常虽然在大都市里开车，可到了山里也毫不含糊。这里的山很陡峭，坡度也大，好像突然找到了初春时在云南大山里采访时的感觉。

越野车蹒跚着爬上山顶,眼前豁然开朗,不是亲眼所见,你绝对想象不到在海拔八九百米的山顶会有这么大面积的岗上平原,并且土地肥沃。

沿着岗上平原的村级土路穿农田过村庄,一步步走进密林深处。通往东北岔村人参基地的简易公路上,前几天的雨水还残留在深深的车辙之中。虽然我的座驾也算不错的越野车,但也是费尽了九牛二虎之力才勉强带我们来到密林深处的人参园地。

这是一片面积有三四公顷的人参园,据在参园中干活儿的参农赵奎勇讲,这片参园是十七八户参农共有的,他家有七八百丈参园,这里的土壤特点比较适合种西洋参品种,所以这几年一直在种西洋参。

临江地区的岗上大平原土质肥沃

通往临江东北岔村泥泞的土路

参藏长白山 | 雅贤楼茶文化

他本是抚松县人，今年53岁了，种了30多年人参。来这里发展也是无奈之举，按照传统种植人参经验，人参必须种在新开垦的林地上，而抚松可适合种植人参的林地资源越来越少，没办法，就举家来到临江找出路，已经过来8年了。临江可适合种植人参的资源也越来越少，实在没辙了，只好在前年作过货的参园中轮作，还在试验阶段，不知道结果怎么样。人参作货后得30多年才能轮作，栽过参的二茬土里含有病菌，就这么硬着头皮在老参园上轮作的风险很

赵奎勇老伴边干活边向作者诉说种人参的辛苦

作者采访参农赵奎勇

老赵种植的西洋参园，长势不错

大，弄不好就血本无归了。

孩子们都在城里上班，他和老伴儿俩在这里种人参。我们来到参园的时候，老两口正在盖人参棚，前一段时间干旱，参园缺雨，下雨前才把参棚打开吸收些水分。我问老赵，参苗不是不能淋雨吗？赵大嫂说，不是一点儿雨都不能淋，而是绝对不能在伏天淋雨，伏天淋雨人参就会落下病，

先扫封底二维码
下载专用软件
鼎e鼎扫码看视频
岗上平原种人参

今天参棚盖上后就不能再打开了，一直到老秋，以后所有的活儿就都得跪着爬着干了，成年到辈的，种参人都是这样，成天跪在潮湿的参床上干活儿，不得风湿性关节炎才怪呢！

其实，参农的预期也不是很高，苦点累点都没事儿，有个好收成就心满意足了。老赵家今年秋天能作货的参园有二三百丈，这里的西洋参4年就可以作货，现在的行情挺好，怕等到明年作货时人参行情下跌，那可就惨了。

中午12点多，考察团从岗上平原树林中的参园考察结束，回到鸭绿江边一个小饭馆，坐在小饭馆的热炕头上，回头看看对岸朝鲜的群山，还有群山下的小村庄。虽然已经是午餐时间，但是对岸基本看不到有人员活动，听说那边的

勤劳的参工

只要收成好，累点也高兴

作者在小饭馆的热炕头上，回头看看对岸朝鲜的群山

人由于粮食短缺，一日两餐，中午是不吃饭的。

同样的河山，同样的人，人民生活水平却有着天壤之别。感谢我们伟大的国家，使我们这么众多的人口都能够吃得饱穿得暖，能够健康快乐地享受生活。翻开中国的历史，哪个朝代能做得到？

用GPS定位仪测量临江东北岔参园结果：

海拔843米，北纬41°45′51.3″，东经127°18′21.3″，当时温度24.4℃，相对湿度50%。

长白县特产办主任黄泽成

参藏长白山　雅贤楼茶文化

沿江风光美　泽成话参事

2014年5月28日，在鸭绿江边的小饭馆简单午餐后，沿着中朝边境鸭绿江沿岸公路向长白县出发，一路风光无限，近处的槐树花开花落，散发出醉人的清香，远处青山含翠欲滴，隔岸朝鲜三千里江山一角扑面而来，江对岸朝鲜的村落显得寂静且缺乏生气，偶尔有三五人群在对岸的农田里劳作，见到更多的是女人们蹲在岸边的石头上洗衣服。

鸭绿江中，顺流而下的木排一排接一排，这些在老辈人口中的故事场景就清晰地展现在你的眼前。据说朝鲜因运输能力所限，至今还在沿用这种古老的水上运输方式——放木排。

我曾经跟延边地区的朝鲜族人学过一些简单的生活用语,便放声向站在木排上的朝鲜人打招呼,木排上的朝鲜人低沉地回应着。

经过六道沟、八道沟、十二道沟、十三道沟、十四道沟……这些过去只是听说过的地名,如今已在我的脚下匆匆而过。晚上7点30分左右,终于来到中朝边境一座安静的小城市——长白县。全程行驶253千米。

迎接我们的是长白县特产办主任黄泽成。

老黄长着一张质朴的脸,为人很真诚,听说我来考察,已经早早就做了精心的安排。据老黄介绍,长白县种植人参历史悠久,1906年(光绪三十二年),在信房子镇于沟子村、大顶子两个地方有两三户人家种过人参。1935年伪满洲国时,为了压缩抗联的生存空间,日本人实行归屯并户政策,不让

在影视剧中出现的放木排镜头，今天的朝鲜还在上演着

参藏长白山 —雅贤楼茶文化—

村民散居。但在这两个地方也有种植人参的记载，不过面积很小。1956年成立了宝泉山参场，是长白县最早的参场了。在计划经济体制下，只有这么一个参场，再后来才陆续成立集体参场，有的是公社办的，也有大队办的，规模都不大。改革开放后，长白县人参种植面积才逐渐扩大。1989年以前，人参价格很好，实行统购统销，参农积极性高，长白县人参种植面积从最初的五六千平方米扩大到500万平方米，达到历史最高峰。那时候的参场，以国有集体为主，个体参户不多。1989年之后，人参价格就一落千丈，很多参场都坚持不下去垮掉了，在这之后，个体参场才慢慢出现。

宝泉山参场是长白县最早建立的，也是最早改制的，到2007年，所有国营参场基本都改制了。目前，集体性质的参场还有4个，明天我们要去考察的马鹿沟村参园是其中管理得比较规范的参场。现在,长白县人参产业以民营个体占主导,大约有130万~140万平方米。2013年相对保守的统计数据显示,全县留存的参园面积差不多有356万平方米。其中林下参能有400来公顷,近五六年才种植的,没有量产。上世纪80年代初,当时有个叫张万福的人,活着的话应该80多岁了,一直在长白县种林下参,那时候体制不好,没有支持,所以长白县林下参技术一直不太成功,能坚持种20年的林下参地不多。

长白县人参种植技术演变的过程,也是从上世纪70年代中期前后的全阴棚(木板棚顶上苦油毡纸),到80年代末透光膜棚技术完善并推广,产量有了大提高。单产从全阴棚时期的每平方米1千克增加到每平方米3~4千克。

长白县的人参花也要开了

长白县人参种植所使用的肥料，有饼肥、谷粉、芝麻饼、苏子、豆饼等，也使用少量的缓效型化肥如过磷酸钙等。透光膜技术的应用，使人参的病虫害减少了，因而产量大幅提高。目前长白县全年产普通人参3107吨，西洋参250吨，主要销往日本、韩国，以及我国台湾、香港、广东等地。

长白县地处中朝边境地区，基本没有什么污染，环境在全省来讲都是最好的，是最适合人参生长的区域，不过现在种植人参的成本也很高，每到春天种参最忙的季节，人工给到每天二百六七十元都不好雇人。别看这两年种参的人挣到点儿钱，现在的市场每年都不一样，过几年种参户能不能挣到钱也不好说。对于人参未来的市场前景，老黄显得有些隐隐的担忧。

长白山茂盛的植被下藏着人参

马鹿沟参场原始的看参屋

长白深山处 参场马鹿沟

2014年5月29日,早餐后,长白县城下起了淅淅沥沥的小雨,天阴沉沉的。黄泽成望着灰蒙蒙的天空一脸愁容,他说我们要去的马鹿沟参场是条黄土路,看样子这雨一时半会儿也停不了,是不是再等等看能否上山。

我在小雨中抬头看了看天空,心想下不下雨都得上山,泥泞就泥泞吧,大不了两腿黄泥,还是坚持出发。我无心地说,隔道还不下雨呢,没准到山上就晴天了。

我们的越野车在大雨中沿着鸭绿江边蜿蜒的公路前行,长白县对岸据说是朝鲜的第三大城市惠山也隐约在蒙蒙细雨之中。此时也无暇顾及欣赏两岸风光,只盼着雨能够快点停下来,不能耽误我们的考察行程。果然,没走出几千米,天公作美,雨小了很多,抬头仰望天空,云层似乎也轻薄了许多,风也小了,被雨浸润的群山,更是青翠欲滴,绿嫩可爱。摇下车窗,带着山中各种植物及泥土芬芳的清新空气扑面而来,沁人心脾,轻轻呼吸一口都醉人呐!

作者在长白县马鹿沟参场考察

随行的摄影师张熙曾跟我去过云南大山考察,深知我的行程奇迹,就半开玩笑地说,徐老师一来就拨云见日了。

果然,雨已经不知道在什么时候停了,越往山里走天气越晴朗,待我们沿着那条黄泽成非常担心的蜿蜒崎岖的黄土路爬到山里马鹿沟参场的时候,依然是晴空万里,完全不知道我们曾经历过的风风雨雨,曾经有过的几多担心。

这里就是长白县马鹿沟镇联办一参场,迎接我们的是参场主管生产的负责人张再全。老张50多岁,中等身材,山东口音,爷爷辈闯关东来到这里落户,

作者在马鹿沟参场察看人参生长情况

村里基本都是闯关东的山东客,所以到他这辈口音也还有浓浓的山东味,常年在山里种人参练就了一副好身板。

老张介绍说,马鹿沟参场是1978年始建的,至今已经是近40个年头了,是长白县最早建立的参场之一,他25岁时开始种人参,已经跟人参打了30多年的交道,这辈子也离不开了。

这里到目前为止还是伐木种植人参，但基本都是有计划地选择适合种植人参的天然次生林地。他年轻时种过参的老参地，如今已经成为茂密的次生森林，等到适合种人参的年龄，地力恢复了，那里还会再种人参。

马鹿沟种植人参从选择参园开始，一步一步非常有讲究，比如说挂串儿（参床朝向），要用指北针精心测量，一般情况是正南正北偏西15度为宜。人参怕阳光直晒，这个角度挂串儿阳光最强的时候就晒不到人参，避免日灼，人参生长最喜欢漫射光了。

听说在初建参场那会儿，参农的生活条件异常艰苦，根本没有上山的路，全是原始森林，一切物资，包括工具、种子、粮食等等，都得靠人背上来，挨的那个累就别说了。直到今天，开辟新参场从砍场子开始的一切步骤还是人工

老参农张再全详细介绍参园情况

人参出土状态

操作。这里的土壤是腐殖土和火山灰的混合物，非常适合人参生长所需要的各种元素，你看这土多肥，根本就不用施肥。

马鹿沟参场开垦参园时，操作是极其精细的，参床上的土按腐殖土和活黄土的比例拌好后，还要过筛，参床上的土非常细，一点儿杂质都没有。细看，这里参床上的土质确实连个小石头块都没有。

为了有效利用参场，现在一般都采取直播的方式，也

先扫封底二维码
下载专用软件
鼎e鼎扫码看视频
长白马鹿沟参场

就是把参籽播下去后，在参床上连续生长四五年直接作货，这样能够节约一些林地资源。按传统方式2-3制或3-3制，都是种子播下去两三年后起出来，这块参园30年内就不能再种人参了。直生根种植方法虽然人参个体长得不是很大，株间距也小，产量略逊于移栽参，但省工省力省资源，还是很划得来的。眼前我们看到的是三年生人参，当年也是认真规划，隔行起出一垄做移栽儿，费点工时，但省了林地资源，非常值得。

马鹿沟这片参场地势平坦，可以用播种机播种，省了很多工时。从山上参园中回来后，在参场的仓库中我还看到了那台参籽播种机，也是靠人力拉动播种的。

老张说，眼前的这片参园能有22公顷，大约18 000丈，平均每667平方米约54丈，丰产年每平方米单产3.5千

作者在长白县考察直生根人参生长情况

克，基本都是二马牙品种。

马鹿沟参场还储备了一些适合种植人参的森林资源，一般不选择连作，连作的人参病害较多，目前还是解决不了的难题。

在这里我们可以看到1~5年生的人参苗，还被允许扒开参床观察此时不同年龄的人参在地下的生长状态，亲眼看到移栽参与直生根参的区别以及因腐殖土与活黄土比例不当所造成的人参黄锈斑。

在去年作过货的老参床上，为退参还林栽种的树苗已经成活，参场为了改善土壤，还特意在老参床种上苏子这种植物，据说苏子能够改善土壤，为了能有效地利用长白山有限的资源种出优质的百草之王人参，这些默默无闻的种参人正在进行着不懈的努力！

长白山深处的马鹿沟参场

长白山深处的马鹿沟参场

参藏长白山

雅贤楼茶文化

　　回想起早晨上山时的风风雨雨,又看看此时的万里无云风和日丽,真的不敢相信,我们站在参园的尽头还能看到七八十千米之外的长白山主峰,以及主峰上覆盖的皑皑白雪。老天都关照我的寻参之旅,又有什么不可以克服的困难呢?我对接下来的寻参之旅更是充满信心!

　　用GPS定位仪测量长白马鹿沟参园结果:

　　海拔1133米,北纬41°32′19.6″,东经128°09′39.0″,当时温度28℃,相对湿度42%。

抚松县兴参镇参园

二访抚松县 人参初成长

　　从长白县马鹿沟参场出来，考察团又马不停蹄地沿着长白山里的309省道向偏西北方向的抚松县而去。此时的长白山深处，正是青山叠翠的季节，一路都是满眼的绿，间或有一些不知名的野花野草迎面扑来又迅速地退去。不觉间，于中午12点30分到达抚松县城。全程行驶约167千米。

　　抚松县万良镇的赵从文书记早已等候多时，前次及以后多次到万良镇考察均仰仗从文兄弟的关照，才使我在抚松的考察活动得以顺利地进行。由于赵从文当时身体还偶有小恙，对于不能陪我到参园考察还一再表示歉意，其实有当地政府的支持，我已经很感激了，不敢奢望领导全程陪同。

　　午餐后，我们还是直奔万良镇高升村4月19日我考察过的参园，想看看这

作者在抚松兴参镇参园察看人参出苗情况

里的人参长成什么模样了。

实地考察发现，这里的人参已经全部出苗了，由于春天这里出现过缓阳冻，个别参床有缺苗现象，但整体来说长势还算不错。可以看出，这里的人参生长的高度明显没有集安、长白的高，几天以前，在集安看到的参花已经长成，不留参籽的已经掐完花，而这里的人参花才刚长出模样，开花还得些时日，从人参生长的状态来看，这里的气候比集安得晚20多天。

在兴参镇看到，4月19日我们在这里看到种下的参籽已经出苗了，绽放出3片小叶，这就是所说的"三花"。据张广森说，这参苗出得还不错。看看其他参床上的"二甲子""灯台子"、三品叶、四品叶参也都在茁壮地生长着。

先扫封底二维码
下载专用软件
鼎e鼎扫码看视频
抚松人参苗情好

参藏长白山　雅贤楼茶文化

靖宇县半拉山参场几十年前退参还林地郁郁葱葱

细说靖宇参 考察半拉山

晚5点，我们来到靖宇县考察这里的人参资源。

靖宇县原名蒙江县，1946年为纪念东北民主抗日联军总司令、民族英雄杨靖宇殉难而改名为靖宇县。

这里是长白山区西洋参的主产区，名实符否，只有实地考察才能一探究竟。好在我雅贤楼有位下围棋的兄弟在这儿任副县长，联系起来比较方便。他特意安排县特产研究所所长姜喜同、特产办主任张久成接待我们，才使我们的靖宇县考察工作得以顺利进行。

据二位讲，靖宇县于上世纪50年代初，在政府主导下成立了国营一参场和二参场。那个时候生产方式非常传统原始，产量很低，基本方式是模拟野山参的生长环境，采用木板搭棚上铺油毡纸的一面坡棚的形式。当时人们对人参习性也不甚了解，以为人参怕光，基本都用这种一面坡棚，那时候山里木材多的是，用木板遮光好，基本全阴。有经验的老参把头都会"调阳挂串儿"（挂串儿：参棚走向）就是为了使人参得到漫射光，这些都是祖上传下来的挂串儿方法。

后来有吉林特产学院的毕业生来到参场，改变了以往的全阴棚的种植形式，研究出一面坡透光棚，就是在一面坡棚结构的基础上，覆上透光膜，在透光膜上方再盖上可移动的用柳条等编制的参帘，适当增加透光度和遮光度，一下子增加了人参的产量。

作者在靖宇县半拉山参园考察

拱形棚是80年代普及的，因为这种棚的结构对参床"调阳挂串儿"要求不严，还有就是现在编参帘的原料少了，再说也增加人工成本，非常不经济，所以这种拱形参棚才迅速得以推广开来。

现在我们常见的薄膜参棚加遮阴网的形式是90年代才开始大面积使用的。

靖宇人参产业发展也是经过一个漫长的过程，早期人参的产量非常低，到了后期人们逐渐认识了人参的习性，知道了人参不但喜阴也喜阳，只是不能被阳光直接晒，注意了调光调阳，再施以适当的有机肥料，加上长白山特殊的土质，产量就上来了。

作者在靖宇县半拉山参园考察西洋参生长状况

生长茂盛的西洋参

靖宇县的人参品种,基本是以二马牙为主,圆膀圆芦为辅。

西洋参是在1983年从加拿大引进的种子。当时有位从加拿大回来的华人叫李成斯,由他出种子,当地出土地和人工,最后五五分成。参场是1983年建立的,1989年就作货了,产量高,质量好,很受国际市场欢迎。1990年,在原国营二参场的基础上成立了"中加合作靖成南洋参有限公司",当时西洋参面积达到了200万平方米,双方各占一半。

靖宇县人参产业的现状是,大公司多以传统方法种植的园参为多,统一好管理。个体参户以种植西洋参为多,西洋参好管理,节省参园,直播4年作货。

这些人参种植户是如何取得林地的？

一般情况下，林地分配基本都是把政府按计划审批的适合种人参的林地统一承包给参地承包者，这些承包者再分租给种参人，参户一般不外雇工，参农赚的是辛苦钱，外雇工就不挣钱了，都是结合自身的经济实力，量力而行。

说到靖宇的人参产业发展，也基本是在卖原料，价格低，没有卖出人参真正的价值，缺少高中端产品。人参从业者及参农的眼光还是停留在生晒、锅蒸还是罐蒸的层面上，没有实质性的变化。中小型企业也只是把人参洗净、蒸熟、晒干加工成原料卖给南方药厂。深加工少，附加值小，更别说人参文化了。

作者在靖宇县参园采访

参园里的瞭望塔

靖宇现有园参面积约100万平方米,每年作货约500吨水参;西洋参面积约25万平方米,年作货约700吨水参。

听特产办副主任尹宝江说,他本人也种人参,在2004年种了800丈,不巧那年遭缓阳冻,勉强收回成本;2005-2006年一咬牙种了2000丈,结果也没赚到钱,白费力。那个时候,仗着年轻有体力,每天两三点钟就上山苫棚布,那个时辰风小,等到五六点钟起风,棚布就苫不住了,种参人吃的辛苦,是不能用语言来形容的。

说到种园参和西洋参的好处,尹宝江认为,种西洋参4年直播,直接作货,节省土地资源,省工省费用。而园参种植一般还都是2-3制,浪费土地。

退参还林的参园

参藏长白山 雅贤楼茶文化

但园参的实际药用价值要远远高于西洋参。各有特点，各有利弊。

由于人参是既喜阴又喜阳的作物，所以早期遮光都是用树枝，俗称"插花""压花""挂花"，现在基本都是用遮阴泥浆，就是把特殊黏性大的黄泥喷在薄膜上以增加遮光度，这种干后呈黄白色的泥浆还有反光散热的功能。

2014年5月30日，迎着早晨的朝阳，吸着清新的空气，我们在特产办主任的陪同下，来到距离县城并不是十分遥远的一个叫半拉山的西洋参基地。

先扫封底二维码
下载专用软件
鼎e鼎扫码看视频
靖宇半拉山参场

生长茂盛的参园

据说,这片西洋参面积能有1.5公顷左右,4年直播,长势很好,今年秋天作货,单株能达到75克左右。此时,地上部分茎叶高度生长已经基本结束,接下来是人参开花结果。这里的西洋参是从加拿大引进来的品种,从外形状态上看,与长白山人参很相似,确为五加科同属,只是西洋参是可以年年开花结参籽而不太影响根部的生长,而长白山园参在这五六年的生命周期中,只有一年可以留籽,否则会影响根部的生长,如此看来,长白山人参确实要比西洋参金贵得多。

靖宇的土质为黑壤,很肥沃。西洋参与长白山人参种植形式差不多,也是拱形薄膜参棚,西洋参也是喜阴又喜光,所以,高温季节到来前也要在薄膜上

作者在靖宇县退参还林地考察

喷黄泥浆以增加遮光度,保护西洋参的健康生长。

在以往的印象当中,主观地认为种过人参的土地除了栽种树木以外其他作物都不适宜生长了,其实也不都是这样,由于靖宇这里的土地太肥沃,种人参地块的土壤是天然腐殖土,地力很强,作货后只是30年之内不能再种植人参,而其他矮棵农作物还是可以生长的,一般可以种一两茬草药或蔬菜等,但不能种高棵农作物,那样会影响退参还林树苗的生长。

我们在去年刚作完货的老参地看到小树苗已经成活,听说在参地里栽这种云杉成活率很高,二三十年后,这里又是一大片次生林了。就在这片参园的一侧,我们也可以看到以前老参园退参还林后的树林已经郁郁葱葱了。大自然就是这样生生不息,感谢大地的恩赐!

用GPS定位仪测量靖宇半拉山参园结果:

海拔551米,北纬42°23′50.9″,东经126°54′13.7″,当时温度27℃,相对湿度42%。

风景如画田园风光

延吉：科学种植前景好　下跪磕头守山人

翰章朝阳村　品牌原料地

　　2014年5月30日上午，我们在半拉山西洋参基地与靖宇县的几位特产局朋友道别后，回头经抚松沿着201国道向东偏北方向过露水河、大蒲柴河直达敦化市。全程行驶259千米。

　　敦化有位副市长是我的多年老友，听说我自费考察长白山人参资源，很支持我的工作，特意安排敦化市特产局长及文联主席接待我。我每到一地考察，都得到了当地政府的大力支持，一方面是我考察人参资源没有功利心，我是茶

翰章乡朝阳村参园

文化传播者,并不做与人参相关的产业,下如此气力深入考察长白山人参资源皆因自己内心深处的一份责任,另一方面我的朋友比较多,各地都有联系,有了诸位朋友的帮助,我的长白山人参考察任务才得以顺利有序地完成。

在敦化市朋友的带领下,我们前往距离敦化市区三四十千米的翰章乡朝阳村人参基地。翰章乡在清代初期为禁垦围场,至清末光绪初年始有零散住户,到中华民国时期归敦化县城西乡管辖。敦化县人民政府为了纪念抗日民族英雄陈翰章将军,于1948年经上级批准,将陈翰章出生地半截河屯改名为翰章乡。这就是翰章乡的由来。

先扫封底二维码
下载专用软件
鼎e鼎扫码看视频
翰章朝阳村参场

这是一个大好的晴天，一行人跨过一条奔流的小溪，沿着一条非常残破的土路徒步向远处的参场进发。

脚下的路凹凸不平，在这条土路上行走时刻得留神脚下深深的车辙及车辙里面的泥水，但眼前的风景却是格外地怡人，宛如一幅优美的田园风光画，美得令人叹为观止。在明媚的阳光下，在青山绿树的衬托中，一群牛马啃饱了嫩嫩的青草，喝足了清澈的溪水，正在如绿色地毯的草甸上悠闲地休息，远处的树林深处，还不时传来布谷鸟的叫声。这些或立或卧的精灵们与草甸中那些静态的火山石形成一幅多么和谐的画卷，和着布谷鸟的叫声，法国画家伦勃朗笔下的田园画作能与我大中华的胜景相媲美吗？

欣赏美景间，感叹自然时，我们已经来到了远处树林深处朝阳村的人参基地。

通往参园的土路

含苞待放的参花

翰章乡朝阳村的参园

参把头李海波向作者介绍这里的人参生长情况

据这片参园的主人李海波讲，这里有11公顷参园，从前这里是一片有少量树木的大荒甸子，2011年把这块大荒甸子承包了下来，承包期8年。人参品种是大马牙、二马牙混种的，1～5年生的人参都有，今年秋天能作货2000丈左右。

从考察结果看，这里的土壤很好，适宜人参生长，状态良好，体征健康，地上人参茎叶高度已经基本定型，只是这里地势较平，基本是没有坡度的平地。李海波说，人参对生长环境要求非常苛刻，过去都是在山坡上种植，现在由于人参市场需求量的增加，山坡林下参地资源越来越少，在相对平缓的土地上，只要在土质各方面能够满足人参生长的需要，基本都种上人参了，只是在田间管理的时候要特别精心，尤其参园排水，得下大功夫。

由于李海波在人参种植方面有一套，技术水平高，他的参园还被吉林省农委授予"吉林省长白山人参品牌原料生产基地"的称号。

其实，老李也不是第一个在这块荒甸子上种参的人，就在老李参园的另一侧,就有一块老参地,退参还林后的树木已经成林。

在李海波参园边缘的一个树桩上,我还发现一个锈迹斑驳的铁疙瘩,一枚日伪时期遗留的迫击炮弹,这可是日本当年侵略东北的证据。日伪时期与中国军队作战时,都是征用当地老百姓运输武器弹药,为减轻负担,有胆大的老百姓就偷偷地扔弹药,所以在敦化的大山里,经常能碰到这样的炸弹,仅在敦化一带,就有两万多枚日伪时期遗留的化学弹,日军想赖账,门儿都没有。

用GPS定位仪测量敦化翰章乡朝阳村参园结果:

海拔617米,北纬43°23′09.6″,东经128°01′52.4″,当时温度26.9℃,相对湿度38%。

参把头李海波灿烂的笑容

日伪时期遗留的炮弹

漫话种参史 文宇与少林

关于敦化市人参产业发展状况,据特产局人参办主任方文宇说,据史料记载,敦化人参种植大约始于三百年前,也是放山人采到小参后移栽到住所附近逐渐演变成园参的,这基本上就是长白山区人参从森林走向田园的历程。

方文宇今年45岁,25岁时到特产局工作,也算老人参管理者了。据他说,那时候人参是收特产税的,是当地乡镇政府的一个主要税收来源。当时,我们经常出去"堵参",也就是防止参农为了逃税把人参从甲地卖到乙地。那时特产局还是很有权力的,说话参农也听,不像现在,取消了特产税,政府也不愿意管了,也不重视。一是说话参户也不愿意听,二是管了也没啥好处。话是这么说,可该干的工作还得做,只能做些指导性的工作。

取消特产税前,通过参农交税情况估算,敦化人参面积大约在450万平方

米,现在应该在940万平方米左右。1989年之前,人参价格很好,参农种植人参的积极性也高,1990之后人参价格就一落千丈,种参户基本没有挣钱的,甚至有走上绝路的。我们在工作中也看到过有的参农干脆弃管了,他们连雇人起参的钱都没有了,而且起出来的人参也卖不出工钱。有人说长白山人参产量大了,供大于求了,我看也未必。怎么突然一下人参就卖不出去了?那时候人参量再大也没有现在多呀?当然了,造成人参价格低迷除了外界原因外,我们自身也存在着一定的问题,比如说,过度开发,农药残留的问题,田间管理过于粗放不规范,加上国际市场对我们的歧视都是不可忽视的原因。

这种情况一直持续到2011年，人参价格才开始回升，尤其现在人参已经进入新能源食品系列，需求量会越来越大。

随着人参市场需求量的增加，也给人参产业带来了新的问题，能种植人参的土地资源越来越少，为了保持长白山生态平衡，省里对各地种植人参用林地在数量上有严格的限制，敦化市每年可利用种植人参的林地指标只有70公顷，根本满足不了市场对人参的需求，所以我们也鼓励参农利用非林地种植人参，非林地种植的人参虽略逊于林地种植的人参，但随着非林地种植人参技术的成熟和推广，未来非林地种植人参是一大趋势。

敦化市目前年产人参1250吨，西洋参670吨左右。

据敦化市文联主席贾少林介绍，敦化有"千年古都百年县"之美誉，说其"千年古都"，早在公元698年的唐代，也就是大祚荣时期，这里被封为振国；说其"百年县"，敦化是在1881年11月建县制。所以说，敦化历史

厚重，民风民俗纯朴。这里红山文化遗址特别多，据史料记载，在敦化山区，当时这里的野生人参是很多的。一直到满族兴起建立大清王朝，长白山区被封山200多年，为长白山区动植物的保护客观上起到了一定的作用。直到清中后期，朝廷无暇顾及管理，关内大批农民闯关东时这里才逐渐开发。当时关东地区人烟稀少，还处在完全自然的环境之中，所以才有"棒打狍子瓢舀鱼，野鸡飞到饭锅里"的传说。

敦化地区人参种植不如抚松地区开发得早，种植方式也较落后，1983年左右，抚松万良来的种参人，带来了丰富的人参种植经验，对敦化人参产业的发展起到了关键的作用。

敦化山地坡度在25～45度居多，在这样的地块种人参比种大田收益高，加上当地领导也重视农业生产，使敦化各方面的产值占延边州的1/4左右。当时，三大林业局加上市属林业局所产木材能占全国木材总采伐量的1/4。省领导也很重视敦化的发展，在政策上也有所倾斜，辐射效果很大，这都为敦化的发展创造了良好的条件。

敦化是延边地区的区域中心城市，也是人参市场的中心集散地。

这里无霜期长，生态环境好，是最适合人参生长的区域。近些年来，黄泥河、清沟一带的人参产业发展得很快。现在的问题是，种人参的人越来越多，适合种人参的林地却越来越少，所以，有些人便到黑龙江去找林地资源，听说那里的人参产业发展得也很快。随着全球气候变暖，黑龙江地区也开始种植人参了，只是那里的人参和我们长白山区域的人参有很大区别。

安图台前村　平地在种参

　　2014年5月31日上午，我们从敦化市出发，前往安图县考察。由于之前很少与吉林东部山区有联系，我对安图也不熟悉，所以请敦化市领导与安图县沟通。

　　临行我查了一下安图的资料，原来安图的地名还大有来头。中国清王朝将安图奉为满族远祖降生圣地和天朝帝国龙脉根基，因而划安图为皇朝封禁地，禁止民间开拓200余年，以求"安龙脉、图兴昌"。

　　1909年12月6日（宣统元年十月二十四日）由东北三省总督锡良奏请，在图们江上源，自红旗河以西，北循省界，南至石乙水，中抱布尔瑚里到长白山，添设县治。1910年1月16日（同年十二月初六）获准，命名为安图，意在安定图们江界,保国安民。

好在自敦化到安图是高速公路,我们的越野车跑得平稳而痛快,82.4千米的路程一撒欢儿就到了。与对接人员接洽后,于上午11点到达安图县新合乡台前村人参种植基地。村主任于光杰正在参园等候我们的到来。

于兴杰本是抚松县兴参镇人,落户安图已经十几年了,由于老于种植人参的技术好,为人厚道,人缘好,乐于助人,来到这个村第四个年头就被选上当了村主任直到今天。看来抚松人对长白山区人参种植确实做出了巨大的贡献,我在考察的过程中,到处都能看到抚松种参人的身影,是他们把在抚松积累的种植人参经验带到了整个长白山区。

老于家里共有六七百丈参园,现在林地资源太少,相应造价也特别高,现在正琢磨怎么充分利用长白山区的非林地种植人参。非林地种植人参的好处是

作者在安图县台前村参园采访

可以找到更大面积的参园,相应地节约很多资源,减少很多成本。

我们考察的这片参园面积有七八公顷,很早以前是杂木林地,后来荒成了一个大草甸子,是常年积水的湿地,以前村里也尝试着在这里种水稻,但不成功,再后来有人在水源上游挖了一条壕沟,把水引走后,这里才逐渐变成旱地。这块地的土壤几乎都是腐殖土,非常肥沃,很适合人参的生长。

通过实地考察,我们看到这里的人参生长状态真不错,参苗出得很齐,已经要开花了,基本也是大马牙、二马牙品种。老于说今年这块参园作货面积差不多3公顷,如果按去年的人参市场价格能出300多万元。

此时,已经到了午休回家吃饭的时间,我们在参园地头儿的拖拉机旁,碰到老于同村的参农马师傅。老马也是山东人,在村里种了十几年的人参了,在这块参园中有200多丈,其他地方还有四五百丈,选择这里种参也和老于的理

台前村的参园

作者在田间地头采访

在塑料薄膜上喷泥浆增加遮光度

由一样,不用砍林子,成本比砍林子的参地便宜很多。老马今天的工作是在塑料薄膜上喷泥浆,以增加遮光率。黄泥浆也是就地取材,把当地的细黄土稀释好,加上面糊,靠面糊的黏性把黄泥浆固定在薄膜上,一个夏季过后,风吹日晒等到秋天正好掉下去了,所以老马浑身上下都是黄泥浆。看到我的摄影师拍摄,还觉得不好意思了。

站在这片人参园,抬头看不远处的群山之中,清晰可见片片人参园,理论上说,在山上伐木毁林种植的人参质量最好,不但成本很高,对生态的长久平衡发展也有很大隐患。国家要有计划地保护好森林资源,既合理林地种参,又要下大力气发展非林地种参的技术,培育品质上乘的非林地园参,使广大参农们持续稳定地发展。只有这样,才能达到人与自然的和谐发展,共同进步。

先扫封底二维码
下载专用软件
鼎e鼎扫码看视频
安图台前村参场

参工掐参花 下跪磕头爬

在安图县考察结束后，我们马不停蹄地沿着高速公路直奔珲春而去。要说在东北考察交通就是方便，虽说也是山区，但与我在云南大山里考察有着本质的区别，云南的大山是山连山岭连岭山岭相连，连绵不断，基本没有平坦的公路可言，即使是高速公路，也没有我们东北的路面宽阔，更别说直而平坦了。200多千米的路程我们两个多小时就跑到了。

我们此行还是到前次考察过的珲春马滴达镇南别里人参种植基地，那里距离中俄边境大约15千米。这次是刘福贤派基地老陈在马滴达迎接，主要是从马滴达进山的那条通往边境的公路上新加了岗哨，没有当地人带领外面的车根本就不让通行。

进山发现，这条土路明显比我们4月20日来的时候残破了许多，可能几场春雨的冲刷使路面凹凸不平且泥泞，车子也颠簸得很厉害,好在二十几千米的山路不是很长,很快就到达了目的地。

就在守参人住的简易棚子边儿上,看到有参农正在参棚的薄膜上喷洒黄泥浆,前面我在安图参园考察时也看到参农在做这个工作,其目的就是增加参棚的遮光率,人参喜阴亦喜阳,怕阳光直射。这是种参人长期实践摸索出来的妙招儿,也是每到这个季节的一道不可缺少的工序。只是,紫鑫药业是国内很知名的上市公司,自然,他们所使用的黄泥浆也不是普通参户简单的白面加黄泥浆,而是一种专用的人参防晒剂,看来有实力的企业就是不一样。

据老陈说,现在长白山的生态环境越来越好了,大家也都注重保护自然资源,前不久,就在参园的尽头,有两头散放的黄牛被一只东北虎捕杀了,虽然损失两头黄牛,但也是值得高兴的事情,说明我们的生态环境好了,这对我们子孙后代有好处。

在塑料薄膜上喷泥浆增加遮光度

珲春马滴答南别里参园，长势良好

参藏长白山　|雅贤楼茶文化|

我们看到去年冬天伐木的新参园，4月20日来的时候还是满地乱石、杂树根，此时，杂石已经被堆放在地头，树根已经有序地堆放在参园中间，到6月15日－9月15日雨季时，再把树根燃烧掉，灰烬回归大地，作为人参很好的有机肥料。从选参地，到开垦成人参园，还有一段漫长的路要走，秋天时，我们就能看到一片规范的人参园了。

此行考察，主要是想看看人参开花阶段的园参生长状态及如何田间管理。4月20日我们来时正在移栽的二年生人参苗情长势良好，茎叶健康，已经开花了，有女参农正在采参花。要说人参浑身上下都是宝，花、茎、叶、参哪有扔的东西？一般情况下，人参在生长的过程中，第三年开花结果，如果是留参籽的参园，就保留参花，如果不想留参籽，就必须把参花掐掉，以保证营养供应根部的生长。这与西洋参有着本质的区别，西洋参可以年年留籽。

刚刚掐下来的人参花,这可是好东西

　　眼下的这片人参不是留籽的参园,所以人参花必须一个个掐掉。按女参农讲,她们每天都是这么"磕头下跪"地干活儿。所谓"下跪",我们都了解了是由于人参棚距地面高度只有75～80厘米;再说"磕头",参棚就那么高,稍不留心一抬头就"磕"到上面的棚布上。跪着侍弄,抬头磕头,可不是"磕头下跪"嘛!

　　女参工还不好意思地说,我们这个形象可别报道出去,让孩子们看到妈妈跪倒爬起地干活儿多不容易呀!还说,这是社会分工不同,人累心不累,能多挣点钱就行,挺知足的。看,这就是中国参工最朴素的意识,她们只是想通过自身的努力,让生活过得更好一些。

先扫封底二维码
下载专用软件
鼎e鼎扫码看视频
南别里参场掐花

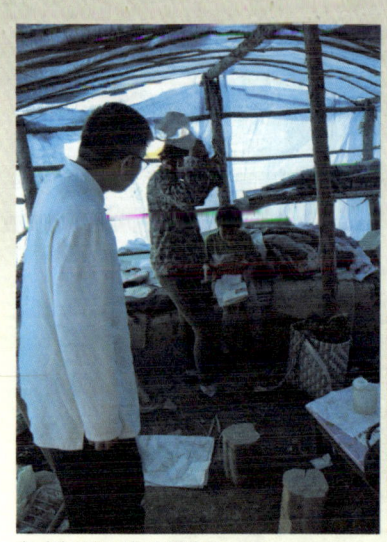
在破房子里写作业的孩子

简陋的看参房子

参藏长白山 ❘ 雅贤楼茶文化 ❘

　　就在参园的尽头看参人住的破房子里，我看到有几个小学生模样的小孩子正在写作业。女参农说，他们都是马滴达小学的，星期天孩子在家没人看，就都带到参园来了，得空儿时还能看看孩子写作业。参农的后代在这么艰苦的环境中还能认真完成作业，孩子们未来一定有出息。

　　五六年的时光，2000多个日日夜夜，参农就是这么跪着爬着过来的。我们了解了参农的辛苦，了解了这些深藏长白山大山里的百草之王是怎么种植出来的，明白了每棵人参上洒下了多少参农的汗水，那天涵地蕴的长白山人参，可是无数参农不惜汗水，用心侍弄出来的！这样我们也一定会心怀敬天、敬地、敬人的崇敬之心来使用人参。

隔江相望朝鲜的三千里江山一角

三探参籽上市时

参藏长白山 【雅贤楼茶文化】

每年七月末八月初，是人参果成熟的季节，俗称"红榔头市"，这是人参成长的重要阶段，参籽采摘、交易，人参果的长成都在这个时间节点上。我们考察团掐准时间，决定三访长白山。这次走访，我们不但看到人参最娇艳的时刻，也体会到了大美长白山区的宜人夏景。

集安：红果黄果真娇艳 扬名塞外小江南

大地参园里 结满黄果参

2014年7月28日，晴。

早晨8点整，"参藏长白山"考察团从长春出发，再次奔往塞外小江

成熟的人参果园

南——集安。由于天气好，路况好，心情好，不知不觉间于中午时分已到达目的地。安顿下来稍事休息后，在集安特产局副局长朱磊的带领下，前往上次考察过的几个人参基地。

此时，正是人参果成熟的季节，这片非林地里人参园内的人参果娇艳欲滴，籽粒饱满的人参果红得耀眼，不是亲眼所见你是不会相信这是真实的存在，这就是人们所说的——红榔头市。

摘下几粒肾形人参果放在口中品尝一下，微苦而回甘，每颗果肉内包裹着两粒种子，这真是生命的奇迹。

据说，人参之所以被称为人参，主要是"人参"义同"人身"，发音相同，形体相似。我们在上一次的考察中也看到，人参每出复叶5个小叶，靠其获得能量维持生命——与人手作用相似；人参种子形同人肾，作用相同；人参根的芦、膀、艼、体、须，形同人的头、肩、臂、躯、腿；人参

先扫封底二维码
下载专用软件
鼎e鼎扫码看视频
红果黄果真娇艳

孕育生命时间与人类孕育生命时间同为270天，所以称为人参。

我等人间俗辈，在此尝到了真正意义上的人参果，羡煞唐僧仨徒弟！

在参园我们碰到了参农王庆全，今年64岁了，他从1987年就开始种人参，自家参园面积不是很大，有100多帘（1帘等于10米参池长，约17平方米），他在这个参园已经干7年了。

作者在集安参园品尝人参果

老王说，这片参园的主人姓徐，听说是福建人，老板很喜欢看人参果，所以每年都特意留下一些等老板从南方来看。这种成熟的人参果如果不乱碰，能长到秋天人参作货的时候。一般情况下是在每年的7月中旬开始采籽，眼前的这片长籽的参园是特意留下的，不然我们还真看不到了。

今年春天气候有些异常，集安人参整体长势并不是特别好。这片参园已

作者在集安参园采访参农王庆全

经长到第五个年头了,由于土地肥,加上水分充足,长势算是不错的了。按理说,五年作货的人参是不应该留籽的,但现在人参籽贵,留籽的参园,光是籽的收入,就能把参园的一些费用卖出来,所以还是留籽了。秋天作货的时候,人参、茎、叶等都能卖钱。

老王说,这片参园结的是红果,在前面不远处,还有结黄果的人参,一会儿我带徐老师去看看。

黄果参?只听说过还没见过,有点儿诱惑力。

在老王的带领下,我们又来到不远处的另一片人参园,这片参园的负责人郝广鑫已经等在那里了。老郝今年49岁,原是集安大路镇人,种了几十年的人参,有丰富的人参种植经验。与老郝同时等候在这里的还有一条黄色猎犬,看到有生人来就猛烈地狂吠。长白山区地广人稀,这些价格不菲的人参仅凭人工

艳丽的人参果

看管恐照看不周，所以，参园的主人都会在参园不同的角落养上几条猎犬充当参园的卫士。不知道是什么原因，无论是在哪里，即使是陌生猎犬，看到我之后都会变得很温顺，今天这条猎犬也不例外，刚刚还猛烈地狂吠，看到我走过来后，还是乖乖地趴在笼子里不吭声了。

参园卫士

老郝说，这里的黄果参是红果变异品种，相比较，同样的生长环境，黄果参要比红果参长得小些，按当地话说，黄果参长得"奸"，类似于人类的"偷懒"。出现黄果参后觉得品种特殊，就单独培育了。你从红黄果参园中还能看到粉黄色的品种，就是人参果色变异的例证。可能是黄果参比较特殊，经常有人过来瞧稀罕。

老郝说，在以往的经验中，都是砍伐森林开垦参地，而他们在非林地种植

红、黄果间杂的参园

郝广鑫向作者介绍黄果参的形成原因

试验改造的参地

的人参还是很成功的,现在正在研究如何科学地利用参地,借鉴韩国技术,又结合自身特点,正在去年秋天作货的参园里做试验,用科学方法处理参地,如果这项技术成功了,这样就能节约很多森林资源。明年准备在改良过的老参园试种西洋参,还不知道效果会怎么样。

我们期待着在非林地轮作人参技术成功,那样,在长白山区未来就会出产更多的人参,为保障全国乃至全世界人民的健康做贡献。

谁见过这么漂亮的黄果参?

遍·访·山·区·养·参·地

野花上的蝴蝶

通往新开河参园的土路

新开河参园 红果连成片

新开河人参基地是集安比较有名的参场，也是我每次来这里考察人参资源的首选之地。

上山还是那条弯曲颠簸的土路，只是经过一个夏天雨水的冲刷，路面凹凸不平，坑坑洼洼，途中还涉水开过一条横穿山路的小溪，好不容易把越野车开到山上，司机小林才发现越野车的前保险杠被磕丢了，分析来分析去，很可能是在横穿

我们的越野车前保险杠被磕掉了

那条小溪时磕掉的。果然,当我们从山上下来时,在那条小溪的另一侧找到了被磕丢的保险杠,我们的越野车底盘那么高还被磕丢保险杠,可想而知我的寻参之路是多么的艰难!

到了新开河人参种植基地,一行人还是沿着参园边上那条崎岖蜿蜒的小路向上爬行,沿途还是那些生长茂盛的不同年龄段的人参,以及小路两旁散发着清香的各种野花正努力地绽放着,经过春华进入夏秀时。勤劳的蜜蜂和美丽的蝴蝶也不失时机地在花丛间飞来飞去,传播着秋天收获的希望。圆拱形的参棚下,参园里结满了红彤彤的人参果,远望犹如一片盛开的玫瑰一样漂亮。身处如此似繁花且为果的人参园中,那种丰收的喜悦是无法用语言能够表达的。

我,第一次看到生长在人参园中真实的人参果,也是第一次与成熟的

沿着这条小路走进新开河参园

参园中那些受保护的黄菠萝树

采参籽的参农和收获的参籽

人参果这么近距离地接触,还亲自采摘了一些作为考察生活的体验。

在采参籽的人参棚中,碰到一位从辽宁葫芦岛过来打工的老参农。听采参籽的老参农说,他也是近几年在老乡的介绍下来到这里打工的,开始对人参也不是很了解,通过这几年在参园干活儿,现在的田间管理中很多活计都会干了,到啥时候干啥活儿,力所能及的活儿都得干,这不,到了人参采籽季节,所有人就都下来采籽了。

采参籽这活儿看着好干,其实得用心采摘才行,现在人参籽贵,采的时候一点儿都不能含糊,掉地上的每一粒参籽都得拣起来,那可是钱哪!

其实每一粒参籽都是一个生命延续的保证。你只有善待大自然,善待每一粒种子,才能使人参这种神奇的物种得以

先扫封底二维码
下载专用软件
鼎e鼎扫码看视频
新开河红果成片

静静的山村　　　　　　　路边的蜂箱　　　　　　　作者在参园中查看人参长势

生生不息，绵延万代，造福人类。

　　从如花似锦的人参园下山途中，还看到一位年近六旬的看参老人。攀谈中得知，他是今年刚从四川过来打工的，属于一个人吃饱全家不饿的人，每天就一个人住在山上看守参园。这里人烟稀少，很少能看到有生人进来，今天突然看到有这么多人来到他的地盘里显得有些腼腆。我问他一个人住在山上害怕不？他说不怕。我说山里有野猪，他说有野猪也不害怕，一个人住习惯了，在这里生活得挺知足，公司管吃管住，一个月还能领一千多块钱的工钱，挺好的。

　　我查看了一下看参人的晚餐，伙食还可以，白米饭，大豆腐，外加一碗白肉块。看来公司对看参人还是很关照的。

　　即将返回的刹那，回望夕阳照耀下的新开河人参园，阳光斜斜地、暖暖地照射在参棚之上，映在参园中那些幸存的黄菠萝树上。那些高大的黄菠萝树，傲然地挺立在这些低矮的人参棚间，期待着退参还林的时刻，还回森林固有的生态，那才是大自然的法则。

集安风水地 气候小江南

2014年7月29日，天刚放亮，宾馆楼下已经传来阵阵叫卖之声，推窗一望，原来楼下小广场每天早晨都是热闹的早市，刚刚6点钟，楼下已经是人声鼎沸了。

我也一时性起，叫上我的团队里的小伙子们，顺便考察一下这里的风土人情，农贸物产。

来到市场上，采买的叫卖的，各种农贸商品琳琅满目。香味扑鼻的当地香瓜，带着露珠的葡萄、蓝莓，红艳的山楂，诱人的李子，小干鱼、鲜鱼，家产的蜂蜜……还有一些我们山外人叫不出名的山货以及集安特有的林下参也在当街叫卖。现摊的山东大煎饼飘出诱人的香，那可是过去放山人必带的食品，据说能保证长时间不霉变。

说集安是塞外小江南，一点儿都不夸张，这里明显是内陆兼有海洋气候特点。

风景如画的集安小江南

在市内公园的湖水旁，曲桥倒映，寒鸭戏水，清荷盛开，莲藕相映，蝶舞花间。

人间仙境莫过如此。

将军坟是集安一处风景胜地，传说将军坟实际上葬的是长寿王，在位78年，大约活了98岁，不知道他生前吃了多少长白山野山参啊！

晚餐被安排在集安河边的一个烧烤店。对于吃烧烤我没什么兴趣，我也不太喜欢吃这类东西，倒是距此不远的一座山峰吸引了我。听陪同我的当地领导

将军坟

作者不畏酷暑登高望远　　远眺集安城

讲，这是集安比较高的山峰，登上这座山峰可以鸟瞰集安全景，我决定登高望远。说来容易，其实我们是想沿着完全没有路的坡度超过60度角的山坡爬到山顶，那是需要付出勇气和毅力的。我无暇欣赏沿途的野花野果以及那压折枝头的海棠，只是一门心思要爬到山顶。

当我们喘着粗气、大汗淋漓、浑身汗透地登上山顶时，集安古城尽收眼底。经历过，不留遗憾！

听集安特产局长介绍过，因集安的特殊气候特点，能生长出优质的葡萄，是中国唯一能生长适合做冰葡萄酒的产区。

先扫封底二维码
下载专用软件
鼎e鼎扫码看视频
集安风水小江南

所谓的冰葡萄,指秋天葡萄成熟了也不采摘,而是让葡萄挂在树上,直到下雪,气温达到零下10℃以下才收获的葡萄。这期间,因季节原因,葡萄的损失是非常大的,比如鸟类的啄食等等,产量不及秋天收获时的1/10,再选择出适合做葡萄酒的就少之又少,所以说,冰葡萄酒的产量是比较稀少的。

2014年7月30日早8点3刻,我来到位于集安市郊的鸭绿江大桥考察。这座大桥横跨鸭绿江上,连接中朝两国,建于日伪时期。登上桥头堡,在内墙壁上,你能明显地看到当年留下的那些深深的弹痕,日本侵略者从这些步枪、机枪的射击口,曾喷射出无数罪恶的子弹,打死过多少中国人民的子弟兵啊!这是日本侵略中国铁的罪证。

不过,这座铁路桥在当年的抗美援朝战争中,确实发挥了重大作用,很多志愿军战士和战略物资,就是通过这座

建于日伪时期的鸭绿江大桥

铁路桥运上朝鲜战场,对抗美援朝战争的胜利起到了关键的作用。

就在我们考察的同时,一列只有一节车厢的国际列车准时地开过江桥。由于朝鲜的闭关锁国,来往的人员极少,每天,我们的国际列车也只是象征性地把列车开过去,下午再开回来,可能整个列车之上,一个旅客都没有。

作者在集安秋皮村考察林下参

再到秋皮村 查看林下参

2014年7月30日,我们再次来到集安秋皮村,想去老乔的参园看看林下参在红榔头市时是个什么状态。

等我们见到老乔之后,得知上次我们看到的那片林下参园已经在二十几天以前被他卖掉了,询问了一下整体价格,老乔感觉还挺满意。其实参农也没有太多的期望,守护了十五六年,今天有个好收成就心满意足了。而在我看来,他只是卖了个药材的原料价格,远没有实现山参真正应该拥有的价值。

先扫封底二维码
下载专用软件
鼎e鼎扫码看视频
秋皮林下果红了

山里人说话办事算数，已经名花有主的参园就不能再进去了，这是规矩。于是，老乔要带领我们到他亲家的林下参园看看。

林下参一般不会种在村庄附近，一定远离村庄。我们在老乔带领下，沿着一条小荒道向山林走去。八月初的季节，山里有些小果子已经成熟了，酸酸的、甜甜的很爽口，就连脚下的野菊花开得都那么自信而灿烂。一头硕大的黄牛吃饱了青草，正站在地上休息，不时地轰赶那些围上来嗡嗡乱飞的苍蝇。

长白山腹地的集安秋皮村，这里是林下参比较集中的地方。此时是七月末八月初，老乔亲家的林下参基地里的参果已经成熟了，听说前几天刚刚采完参籽，所以我们看到的参籽并不是很多，山坡上稀稀落落地还能看到一些。与园参籽相比，林下参的种子相对少得多，

作者在集安秋皮村考察林下参

参园边的野花

红榔头明显偏小,也许这就是林下参接近自然的可贵之处吧。

脚下的这片林下参已经十几个年头了,从地上茎叶上看,长得有些纤细,也不是很高,十五六年的林下参也就五六钱重(不到30克)。长白山孕育的林下参,可不是轻易能够取得的,十几二十几年的守望,最后能剩下多少完全听天由命,所以说,有机会能用人参的人,一定要珍惜珍惜再珍惜!

参园旁的大黄牛

垂钓潭水边 围网捕鱼忙

我们在秋皮村考察林下参之后，当地特产局派人带我们在中朝边境云峰水库库区边上的一个小饭馆用午餐。

这家小饭馆的右侧有条小溪汩汩地流入鸭绿江，远望，一群鸭鹅在库区的入口处溯流而上，多么和谐的田园风光。趁着等待吃饭的空当，众人来到小溪边看风景。突然发现，这条小溪水口下有一个小深潭，清澈见底，成群的鱼儿在潭里游来游去。

陪同我一起考察的集安司机是个钓鱼迷，见有鱼情活动，忙从车的后备箱中取出钓具，并有备好的鱼饵，看来这哥们儿昨天晚上也许夜钓过，不然哪儿来得这么方便？看到有钓具，我也来了兴致。司机见我也想钓鱼，就替我准备了一把钓竿。

这里的鱼儿完全不受岸上人们的说笑声影响，任性地在小水潭中转着圈儿地游荡。我熟练地调漂儿上饵，瞬间一条银色的白漂子鱼已经上钩入护,就这样,站在小水潭边,你一条我一条,钓得好不痛快。

不一会儿,饭馆主人来喊我们开饭了,只好收起兴致,吃过午饭还有很远的寻参之路要走,不能玩物丧志啊!

清点战果,不到20分钟的光景,共钓上来16条小白鱼儿,我的成绩是12条。司机惊奇地看着我说,徐老师,你钓得好,没想到你会钓鱼。心中暗想,咱有20多年的钓龄,钓鱼都打过比赛,在这么原始的环境中,鱼根本就没有警惕性,当然钓得好。

作者垂钓于鸭绿江边小水潭

饭馆主人诧异我们怎么出去一会儿，就钓上来这么多鱼，他们成天生活在这里，也知道水潭里有鱼，但没看到过谁在这里弄上鱼来。

不管怎么说，鱼已经钓上来了，请饭馆主人为我们做了一大碗清炖鱼汤，真的很鲜美，那可是丰收的喜悦！

据饭馆主人讲，就在我们拍摄的葡萄园对面，有一伙捕鱼的人，常年在这里围网捕鱼。在这么大的库区如何捕鱼，对我来说也是很有诱惑力的，于是决定拍摄一些渔民在鸭绿江捕鱼的场景。

当我们来到捕鱼队的位置时，被告知，今天风有些大，风大不利于捕鱼，得耐心等待，等风小了就开始张网捕鱼了。

趁着等待的时刻，和鱼把头姜师傅拉起了家常。姜师傅1968年出生在秋皮

日渐枯竭的渔业资源

村,在这里打了20多年鱼了。每年开江后,除了种庄稼以外的时间就是以打鱼为生。老姜说,20多年前,鸭绿江里鱼的品种特别多,密度也大,就在这个位置,一网下去打上成百上千斤鱼都是常有的事,主要是野生花白鲢鱼、鲤鱼、鲶鱼、鲫鱼、鳡鱼……现在一网能打几斤儿十斤的,除了花白鲢、鲤鱼就是小杂鱼儿,太少了。今年最好成绩的一网捕了100多斤,那就相当不错了。

国家水利部不是每年都有在江河湖海放流的计划吗?老姜说,放流也就是杯水车薪地放个几万块钱的鱼苗,这么大的水面,根本不解决问题,主要还是靠自然野生繁殖。

两个小时之后,终于等到了下网的那一刻,满满一船的大网被机动船载着撒入水中,经过一个多小时的绞盘

先扫封底二维码
下载专用软件
鼎e鼎扫码看视频
鸭绿江畔捕鱼忙

小门坎撒网捕鱼者

参藏长白山 雅贤楼茶文化

拉网,终于看到了渔获,只有大小10来公斤各种杂鱼。看来,鸭绿江里的渔业资源几近枯竭。再看看捕鱼的网,这么小的目数成天在江里捕鱼,资源又怎能不枯竭?人类向大自然索取真得有个度,过度地索取终有一天是要还的。但话又说回来,这笔资源债,谁能还得起?

9月18日,我在长白县鸭绿江上游一个叫小门坎的地方,再次见证了江里渔业资源枯竭的惨状。据当地撒网捕鱼的人讲,过去江里鱼很多,这个地方因江心有一块巨石而使江水在这里形成一个龙口,而龙口下方的一个水潭又是鱼儿上游时休息的地方,当地人都在这儿撒网捕鱼,一天打个几十上百斤那是再正常不过的事,并且鱼的个头还大,都是稀有的冷水鱼,不像现在,一天也打不上二斤小鱼,不好打了。这些怀念过去岁月的打鱼人,你想过没有,是什么原因致使江中无鱼?我们带着不知道是怎样的心情,离开了捕鱼的江边,又踏上了漫漫的寻参之旅。

在等待捕鱼的过程中,曾向过路的司机打听沿江公路是否能通到临江,回答是肯定的，所以，虽然没看到捕鱼收获的场面，但还是决定沿着江边公路向临江进发。在落日的余晖中还能够欣赏到别样风景。

上一次从集安到临江的沿江公路我们没走出去多远就被对面来车告知前方不通车，所以我们才取道白山市，绕了一个大圈子才到达临江。此行，由于行前询问过通车情况，并且我们也没在任何地方看到任何路标指示，所以才放心大胆地决定沿鸭绿江沿岸公路前进。公路弯道很多，也不算太平坦，个别路段还有滚石，时间稍晚，也没看到有车通过。就这样，我们驾驶越野车如果从三道沟岔路口算起，走了差不多一个半小时，从卫星导航图上看，再有几十千米就要到达临江了，突然发现前方正在修路，禁止通行。

真是莫大的悲哀,路政部门的官老爷们,此路不通,为什么不在岔路口立牌提示?像我们这样走过冤枉路的人一定不在少数,因为从现场施工状况看,这里修路已经不是一天两天了。没办法,只好原路返回,好在如今的卫星导航能够找到相对方便的路径,就这样,我们在非常陌生的深山小路中,在夜色掩映下,于晚上9点多才绕道投宿到白山市。

鸭绿江边的沿江公路

万良是中国最大的人参交易市场

抚松：参籽交易市场旺 西洋参园话家常

参籽上市了 参农笑开颜

2014年7月31日，由于此行我们主要考察人参红榔头市的情况，去临江也好，来长白也罢，基本上也是这些内容，况且我们在集安已经采访到了大量的相关资料，最后决定，此行放弃临江、长白，回人参之乡抚松。

早9点从白山市出发，没想到还是因为修路，绕来绕去走了三个半小时才到达抚松县万良镇。

万良人参交易市场，是中国最大的人参集散中心。此时，正是人参种子上市交易的季节。从人参种子交易现场看，交易很活跃，量很大，说明人参种植在长白山区的普及性。

先扫封底二维码
下载专用软件
鼎e鼎扫码看视频
参籽上市笑开颜

人参种子，经过采摘、搓揉去皮、漂洗等步骤，就露出了人参种子的真容，黄白色的参籽饱满实诚，有了人参种子，就有了五六年后的期盼，难怪，无论是买参籽的还是卖参籽的，满脸都是喜悦！当然了，这些参农买卖交易时，还是以看到现金为标准，虽然旁边就有几家银行开门营业，也很少有参农用划卡结账的方式，还是现金拿在手里感觉实在，参农点票子时的喜悦是无以言表的。

这些参籽按规矩都是淘洗后直接装袋交易，买参籽的参农拎着参籽口袋，使劲地往地面蹾，本能地想减少一点重量，卖参籽的参农小心地捡起掉在地上的每一粒种子。也可以理解这些参农最朴素的想法，那每一粒种子，可都是货真价实的现金哪！

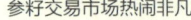
参籽交易市场热闹非凡

参农的笑脸

作者在万良考察参籽交易情况

西洋参籽成熟期明显稍晚

万良兴参镇 大妈看园参

2014年8月1日下午,我们第三次来到万良镇兴参村人参基地考察。

4月19日来时种下的参苗长势不错,拔出一棵查看,已经长出了人参的雏形,这样一年生的人参苗在今秋或明春就可以移栽了,谓之1倒4,也就是现在生长了一年,移栽后再生长4年,这样5年的人参就可以作货了。当然也可以在这块参园上再长一年后移栽,那就是2倒3。

作者在抚松参园考察当年生参苗情况

作者和抚松张广森一起查看人参生长情况

从参籽上也能感受到人参根部的生长状态

作者采访看守参园的山东大妈

我又查看了一下这里种植的西洋参，明显地看到西洋参要比当地的人参成熟期稍晚，三年生的西洋参已经结籽，还是"青榔头市"，一直要等到白露前后，西洋参种子才能成熟，比长白山人参果成熟期晚一个月左右，但西洋参从第三年开始可以年年结籽而不太影响根的生长，不像长白山的人参，在5年之中，只有1年可以结籽，不然就会影响人参根部的生长。

在参园里，我还碰到一位看参园的大妈，她是山东日照人，65岁了，已经在抚松生活40多年了，来兴参镇这块人参基地看园子也四五年了。大妈很负责任，为了使我很方便地考察西洋参的生长状况，很热情地为我打开西洋参的参棚一角，看后马上把参棚盖好，说怕把人参晒坏了。大妈可能不太明白其中的原理，但她知道人参不能让太阳长时间晒到。其实这是因为人参的叶片中缺少一种栅栏组织，不易散热，会因太阳照射时间长了出现日灼现象而死掉，这也是人参这种植物对生长环境要求比较高的主要原因,所以我们看到此时的人参棚上都会喷上一层黄泥浆,以增加遮光度。实践出真知啊,老百姓还是有办法。

在看参人的简易住房的地面上,还看到一些"麻雷子"(大爆竹)。另一位看参人老李说,晚上山上太安静,有时候会有野兽出现,看参人就在夜间时不时地点燃几个"麻雷子",弄出点动静,有野兽在附近就吓跑了。

现在也不让养枪,过去的时候看参园必须要有猎枪,一为防止野兽,那时候长白山里野兽多,黑瞎子、野狼、狐狸、野兔,甚至还有老虎、豹,没枪还敢在山里看参?二为防止有人偷人参。有一次就在这附近的参园里,两位看参人人手一支"撅把子"(一种可以及时更换子弹的猎枪),后半夜的时候,突然听到看参的狗叫的动静不对,就起来查看,结果有七个偷人参的人扛着偷来的人参从这里路过,

夜晚吓唬野兽的"麻雷子"

参农老李向作者讲述他的故事

刚想上前拦劫，结果发现人家7个人拿4支猎枪，没敢拦，你也拦不住，再说人家又不是偷你的人参，只是借道儿走过去，想留下买路钱是不可能的，你两支枪人家4支枪，你两个人人家是7个人，想都别想，乖乖地让人走，声都不敢吱。

现在好了，没人偷人参，这社会治安你不服不行，真的好了，生活都过得去，哪还有偷人参的？再说了，我们这些50岁左右的人，年轻的时候家里穷，空有一身力气，也肯吃苦，可能有偷人参的现象，现在给你也扛不动了。如今的年轻人，白给让他扛走都不干，为了让孩子学习一些种植人参的技术，得哄着干，有时哄着也不干。你给500块钱让他到老林子里走一趟都不去，还有人去偷人参？

下一辈都不干活儿了，未来由谁继承几百年才总结出来的人参种植技术？

老李说，以前开垦新参园都是本地人自己干伐树、刨树根等等活计，我们这一代人谁没干过，那真是出力。现在都是雇四川、贵州等地的人来干活儿，外地人认干，一个人能干当地两个人的活儿，人家就是想出力挣钱，一般都是四川、贵州等地来的30多岁的两口子，非常认干，我们也都愿意雇这些人，好管理。

包产到户之前，这里的参地都是林业局伐完树木之后，把林地分给大队，大队分给小队，小队再分给农户，也不多，一家30多丈，树根都是自家刨，哪有雇人的，都在一块

先扫封底二维码
下载专用软件
鼎e鼎扫码看视频
兴参园参西洋参

儿干活儿,就这样你家30丈他家30丈形成一片参园,作货的人参统一上交给大队,统购统销。计划经济的时候,也是把人参分成一二三等,等级高的价格就高一点儿。这里承包到户是1983年,人参园分到各家要晚两三年,是1986年之后的事了,那时候参地少,一个大队都没有眼前这片参园的面积大,一口人就能分到几丈,哪有今天这么多。

西洋参园生长状况明显要比长白山参晚一些

作者与朱磊进山寻找林下参

参藏长白山　雅贤楼茶文化

四寻山参作货季

　　金色的九月，收获的季节。对于参农们来说，"作货"是他们既盼望又忐忑的日子。花了几年甚至十几二十年的时间精力以及物资成本，就等待它走向市场的一天呢，可真到了这一天，人参的市场如何，价格好不好，都是直接影响参农收入的因素。因此，我们第四次进山之旅就来看看作货季的长白山参。

作者与朱磊兄弟一起考察

集安：秋高气爽访集安 世界第一趴货王

朱磊小兄弟 细数集安参

2014年9月15日早8点从长春出发，再一次前往集安。此时，已经过了白露一周了，正是长白山区人参收获的季节。

秋高气爽，阳光灿烂，沿途东北大平原上，高粱晒红了米，玉米结出饱满的穗，大豆似乎就要涨破豆荚，水稻已经动镰收割……到处都是一派丰收的景象。考察团在一路饱览丰收美景的欢乐情绪中，于下午14点左右到达集安市。

迎接我们的是集安特产局副局长朱磊小兄弟，前几次在集安考察人参的过程中，朱磊一直陪伴左右，很感谢这位小兄弟。

文静儒雅的朱磊平时并不多言，但说到集安的人参产业，却如数家珍，一切都了然于胸。

红彤彤的人参果

在朱磊兄弟的陪同下进山考察

　　由于集安的气候、土壤等方面的特点比较适合种植林下参,经过几十年的努力,已经摸索出一套林下参种植的方法,比如籽参、移山参的种植在全省来讲也是比较成功的,开发得比较早,种植面积也很大,集安十五六年的林下参基本上接近野山参的品质了。园参以边条参和普通大马牙、二马牙品种为主,其中边条参是集安人参产业的一大特点,主要是形体美,对人参审美要求可能更高一些。

省内人参交易市场目前看来以抚松万良镇和通化清河镇这两个市场为主,其中,万良以园参交易为主,量大,产出比较集中;清河主要以林下参交易为主,量不大。由于林下参接近野山参的品质,所以利润空间也不一样,有时一批林下参在市场内短时间内就被转卖好几手,交易形式和万良的人参市场不太一样。集安林下参年龄有三四十年的货,一般来讲15年就可以作货了,根据市场需要决定,所以说,林下参的随意性比较强。

由于集安地区的人参加工能力比较强,园参不用到市场销售,很多在参园里就取样交易了,因此,在集安地区看不到大规模的园参交易市场。

说集安能够种植林下参,主要是这地方的小气候及土壤特点形成的微观条件适合林下参的生长,大大延长了人参的生长周期,行话所说的"靠货",也叫"趴货"。趴货就是根据本地地域特点形成的一种栽培方法,目前看,只有集安的趴货种植比较成功,其他地方种植成功的不是很多。这也成为集安林下参的一大特色。从狭义上来讲,趴货就是六年生的园参选形好的在林下趴,也有在园子里的趴货。年头比较长的趴货品质基本接近野山参,科学实验证明,15年以上的林下参就可以称为"野山参"了。

现在集安推广的非林地种植人参技术也逐渐成熟了,首先是对栽培土地进行人工干预,从选择地块到土壤化验、降解、分解等都有严格的程序,使之达

作者在集安新开河考察黄果参

到或接近山地的土壤成分。然后再选择适合非林地种植的品种。非林地种植人参的品种在形态上与其他地区的园参品种也是有所区别的。不管怎么说，由于人参生长地域的局限性，在非林地种植人参也是因为适合种植人参的林地资源匮乏所采取的无奈之举。

看来，朱磊小兄弟确实对集安人参产业是了如指掌的。

通往集安趴货参园的路

参藏长白山 — 雅贤楼茶文化

集安赵德富 世界趴货王

第一次来集安考察时,郑殿家老师就跟我反复提到过,说集安的趴货很有地域特点,有个叫赵德富的人种的趴货最好,年年在参王评比中拔头筹,被称为世界趴货大王。说是世界趴货大王一点儿也不夸张,世界上人参的主产区就在长白山，这里能评上王，就是世界上的王者了。我一直想见识一下，所以，集安的大趴货是此行考察活动的重中之重。

2014年9月16日一大早，我们在集安市人参研究所所长孙国刚的陪同下，从集安出发，沿着一条蜿蜒不平的山区小公路，用了差不多1个小时的时间，来到一个叫台上镇的地方，在这里与郑殿家老帅会合，再驱车前往住在台上镇刘家村的趴货大王赵德富家。

初识赵德富，印象很好。敦厚朴实的外表，古铜黝黑的肤色，真诚与自信的脸庞透露出坚定的内心。

寒暄之后，赵德富带领我们进山。为了能更多地了解赵大哥，我决定坐他开的皮卡车。通过在车上一路与赵大哥交流得知，他今年63岁，中华人民共和国成立前，二爷爷领着父亲赵致胜从山东老家来到集安落户刘家镇，从此赵姓人家一直就生活在这里。家有千口，主事一人，在家族当中，二爷爷当家管事，凡事都是二爷爷说了算。二爷爷做事公道，无论是在家族还是在当地都很有威望，所以，赵家人在刘家村这个地方逐渐地站稳了脚跟儿。中华人民共和国成立后，父亲在二爷爷的调教下，农村的各种活计都干得很在行，就一直在生产队干活儿当打头的，并任队里种植人参的技术员，指导社员种植人参。

赵德富20岁就到生产队的参地里干活儿了，那时候参地少，生产队把种人参只当作副业来经营。5年后，他就在生产队里当把头带领大伙种人参了。

老赵种人参的本事主要是从父辈那里继承下来的，再结合一些新技术，也就是推广透光棚栽培技术，是对人参产业的重大改革。就这样，领着大伙儿在

进山的碎石小土路

生产队干了7年。他32岁又到集安参茸公司当技术员，38岁时到台上乡政府的西洋参场当场长，同时兼任技术员工作。2002年回家开始自己干，一辈子都没离开过种人参。一会儿我们要去的参园有20多公顷，大约2600帘，其中边条参1700帘，西洋参600帘，趴参300帘。

路越来越不好走，那是一条完全的山间垫着碎石的小土路。赵大哥说，以前连这样的路都没有，去年他自己出钱修了这条5千米的山路，虽然花点钱，但现在日子好过了，挣到钱就多付出一点，乡亲们进山的话走起来也方便些。说到底在当地来讲老赵也算是见过世面的人，办起事情就是大气。跌跌撞撞中，我们来到赵大哥的参场，皮卡车停下来在参场院子里装上一些起参的工具

参园里的猎犬

后,又驶向一条更加难走的小山路。我坐的皮卡车仿佛是沿着那条通往山上的小路在茂密的树缝中硬挤进去的,两旁的树枝唰啦唰啦地刮着车窗,随行人员提醒关紧车窗,免得被树枝刮伤人脸,那可不得了。

我们的皮卡车在这样的小路上走了一段路以后也不能再往前开了,只好移步当车,徒步走到老赵位于大坡后圈的趴货参园。

一行人沿着山坡上参园旁的一条毛毛小道向山里进发。好在是秋高气爽的时节,再加上心中对参王大趴货的期待,大家走起路来还是很给力的。我们这些陌生人的路过,给旁边参园里的猎犬带来了不安,焦躁地狂吠着,在参园主人的呵斥下,猎犬才像听话的孩子一样安静下来。

终于来到老赵的趴货参园，抬头看看感觉面积也不是很大，眼前就两个参棚，下坡参园已经起完了。细看这里的人参的确与以往所见不同，最直观的感觉是，人参的茎咋这么粗，秧咋这么高，叶子也明显比我们以往看到的大得多，并且茎都是紫色的，确实有些看头。

老赵在参园边上找来起参的工具，感觉也粗犷得多，一把铁镐，一把铁锹，还有几个木头签子，好简单的作货工具。

赵德富边收拾边说，这是他精心呵护了22年的大趴货，很珍贵，价格也高。前几天共起出来两行参，第一行共5棵货，其中有3棵大货，最大的1棵750克重，卖了4.5万元，另外500克重1棵，400克重1棵，被一个人以2万元拿走了，还有两棵品相不太好的各卖2000元。这一行算下来共卖了6.9万元。第二行共3棵货，也卖了6.6万元，最大的1000克，因为这棵大参身体上有点锈，只卖了4万元，还有1棵卖1.8万，稍小一些的卖了8000元。这两行大趴货在地里就卖了13.5万

人参果

一参十茎世上罕见

起参的工具

元，在这一带来说，这两行参的产值算是高的了。

老赵还得意地说，去年在对面参床上抬出的一棵大参就卖了20万元，在下面一行中还抬出过1棵1700克重的大参，被评为当年的参王，卖了40万元。过去，我的趴货好一点儿的能卖2万多，稍差一点儿的也能卖1万多元，今年这两行参的产值与过去相比都突破了。9月19日在清河人参市场举办每年一届的评参王活动，本不应该今天起货，但为了让徐老师感受一下大趴货的魅力，还是决定提前两天抬货。第二行中有一棵长着10根茎的大参，应该是个大货，想把那棵大货起出来，如果品相好的话，就拿它去参加参王评比。听了赵大哥的话，众人都对那棵长着10根茎的大趴货寄予厚望。

说话间，赵大哥已经打好场

参床

剪掉一参上的10根茎

这棵趴货也不错

子,开始抬参了。整个抬参的过程由赵大哥跪着独立完成,二儿子赵玉峰给打下手,而我们这些人也只有看的份儿。老赵首先剪掉第一行参地上的茎叶,熟练地从坡下向上挖掘,由于参比较大,土挖得比较深。从老赵用铁镐刨土的声音判断,集安参园之所以能趴住货,一是这里山坡角度比较大,存不住水,二是这里的土质明显含有沙石,容易透水。这可能是集安趴货能趴住不烂的主要原因。

老赵不愧为参把头,活儿干得干净利落,不一会儿就露出了粗壮的根须,虽为园内趴货,经过22年的生长,须上面长满了珍珠疙瘩,已经有野山参的野性味道了。

好货不断出土,第一行最大一棵趴货重850克。

老赵说，趴这么大的货非常不容易，这些参还是他四十刚出头的时候种下的，现在已经60多岁了才能卖钱。养这么多年风险非常大，说不定哪一年就掉苗出不来了，那20多年的心血就都白费了，如今看到自己种的大趴货一年比一年有成绩，心里美滋滋的。

终于要起那棵长有10根茎的大参了，心中不免有些莫名的激动。

老赵说，他摆弄一辈子人参，也是第一次碰到1棵参上面长10根茎，理论上说应该是大货，因为，茎多光合作用就强，吸收的养分就多，这个货小不了。赵大哥一辈子才第一次养出长10根茎的大趴货，第一次进山考察就让我碰

老赵说：这辈子也是第一次见过长10根茎的参

看看这棵大趴货参

到了,这是老天冥冥中的安排,让我记录下这个激动人心的时刻。

从地面茎的生长状态上看,第二行应该有4棵大趴货。老赵熟练地用快当剪子剪下地上的人参茎,本想把这棵长有10根茎的大参起出来,19号好去评奖,等到扒开参床上的沙土露出根须之后才赫然发现,就在这棵大趴货一侧并排有两棵"梦生"与这棵大参盘根错节地生长在一起,想单独把这棵大货拿出来几乎是不可能的,没办法,商量后决定,还是把这一行6棵参都起出来。这里所说的"梦生",就是在地表根本看不到茎,地下还有一棵参在偷偷地孕育着。这就是人参的神奇之处,可能因为种种原因,头年秋天已经孕育好的芽苞

老赵正在细心起出这棵10根茎的大趴货

今年春天没长出来,但这个芽苞还完好地在厚土中潜伏着,等待明年春天条件合适时再破土而出,焕发出新的生命。如此可见,你能说这百草之王没有灵性吗?

  我们听说过有千年人参,并不一定是种子萌芽后形成的人参生长了上千年,在千年的变化当中,人参的身体可能已经消失了,但是,哪怕它仅剩下一棵苄,也会重新孕育出芽苞,开始新的生命,如此轮回绵延千年,所以说,千年参是存在的。由此可见人参强大的生命力,不愧为百草之王。

先扫封底二维码
下载专用软件
鼎e鼎扫码看视频
趴货大王赵德富

看老赵的表情就知道这棵参的分量了

  老赵看到这两棵品相不错的"梦生"也笑得合不拢嘴，要知道，多两棵"梦生"那可是能多卖好几万元，哪能不高兴？

  经过老赵近1个小时的细心挖掘，终于起出了这6棵大趴货参，用秤称量那棵长有10根茎的大货，重1300克。

  两天后，在清河的参王争霸中，这棵大趴货又夺得2014年的趴货冠军，当场以20万元的价格被南方一个药厂的老板收入囊中，而那棵参上生长的10根茎叶，却在我的手中，那是一参十茎的证据，也是永久的纪念。

称量一下，整整1300克

赵德富，不愧于世界人参趴货大王的称号。

用GPS定位仪测量台上镇刘家村后圈大坡趴货基地结果：

海拔630米，北纬41°19′42.4″，东经125°51′20.5″，当时温度24℃，相对湿度38%。

从趴货参园下山的途中，碰到了一位50多岁的参农叫徐凤岐，是否与我同宗？徐凤岐热情地约我们到他住的院子旁的小果园中，给我们摘了很多集安白桃，很甜！向屋里的老伴儿喊，他是徐凤龙老师，我们可能是一家子。在徐凤岐家的小果园摘桃子吃，我一下子似乎也仗义了起来。

依依不舍地告别一家子徐凤岐，还是沿着来时那条凹凸不平的土路，皮卡车还是强行挤进了那片树林，来到山坡中间参场场部。

这里有几间看参人住的简易住房，院子内各种农用设备排列有序，房前猪栏里养的大肥猪膘肥体壮，院内是随意溜达的鸡、鸭、鹅，散养的鸡就把蛋生

参感长白之七

一家子徐凤岐和他的集安白桃

在草丛下的鸡窝里,院子的右侧有一眼冬天也不上冻的清泉,汩汩地流入坡下的小鱼塘中,还有一窝蜜蜂在木桶做成的窝中出出进进,一切都是那样的自然而然。

老赵的边条参园

在这里稍事休息后,赵德富带领我们去另外一片边条参参园。

集安小江南的特殊气候特点决定了这里无霜期较长,此时还不到边条参作货的季节,尤其边条参的作货时间本身就比普通人参稍晚。赵大哥为了让我们看到边条参的真正面目,破例来到他的边条参种植基地,把他种的边条参展示给大家。

那么参床里的边条参到底长成什么样子呢?

赵大哥扒开参床上的保护层,割掉地面上粗壮的紫色茎叶,还是用他那把磨得锃亮的铁镐,准确而有力地刨下去。这里土质委实松软,完全是上好的腐殖土。当起出第一棵边条参的时候,完全颠覆了以往我们对人参个体重量的概念,这棵边条参足有500多克重,比我们常见的普通大马牙、二马牙品种个体大多了。最后起出的一棵边条参重达900克,是集安边条参典型的"两条腿,一把抓"特点,而且还真有人的模样。

老赵说,他的边条参已经9年了,吸收了3块参园土地里的营养,所以个体比较大。世界趴货人王不是吹的,连种植的边条参都能培养出这么大的个儿,佩服之至!

用GPS定位仪测量台上镇刘家村边条参基地结果:

海拔634米,北纬41°19′34.9″,东经125°51′52.3″,当时温度22.7℃,相对湿度36%。

看看这棵大边条参

安静的小山村升起袅袅炊烟

台上荒崴子 参农王长坤

2014年9月16日，当我们告别趴货大王赵德富大哥已经是下午3点多了，我征求郑殿家老师，能不能联系一下林下参基地，想考察一下林下参作货时的情况。虽然今天大家上山下乡的都比较累，况且天色也不早了，但我不想错过看林下参作货的机会。郑殿家老师对我的执着态度很赞赏，非常配合我的工作。

在郑殿家老师的带领下，我们来到台上村荒崴子小组，找到了63岁的王长坤老汉，听说他在山里种了一片林下参，已经12年了。

由于村里正在修"村村通"水泥路，我们的车就不能再往前开了，在王老汉的带领下，只好徒步沿着那条还正在养生的水泥路向山里走去。路很远，我也趁机向王老汉了解到更多的信息。

听王老汉说，集安这地方比较适合种植人参，尤其林下参也挺多，这里山的坡度大，很多不适合开垦人参园的林地正好种林下参，所以在集安种林下参的人不少。他的爷爷、父亲都是从山东烟台过来的，先到辽宁宽甸种人参，后来又搬到集安，落户在刘家乡的荒崴子。村里多数都是山东过来的人，大家住在一起干活儿，风俗习惯都差不多，挺舒服的。

王老汉也是跟人参打了一辈子交道，从能下地干活开始就一直在摆弄人参，庄稼活儿中最熟悉的就是怎么种植人参。他说，根据集安的气候特点，每年清明前开始拌参籽，清明上山，一直到立冬，一年大约得出150个工。年年如此，早就习以为常了。

说话间，一行人已经来到了山脚下，再往上走几乎就是不是路的小路。王老汉在前面边走边用手里的镰刀割掉横在我们面前绊脚的树枝，边向我介绍身边遇到的各种山里的植物。山的坡度很大，差不多超过40度。人在这个角度的山坡上行走已经很费劲了，尤其我们这些平原地区的人们还不太擅长在山坡上行走。在杂草丛生

作者跟随王老汉进山寻找林下参

堆满落叶的树林下,就算我这个曾经放过山的人也很难发现这里有林下参。原来,王老汉为了防止人参丢失,当林下参到了停止生长的季节,就上山把地上的茎叶割掉,难怪我一路走来都没有发现一棵林下参的踪影。他说,前几天刚刚把人参秧割掉,也不知道我们要来,他也不能保证一定能发现林下参,凭运气吧!听了王老汉的话,我暗暗担心,心中祈盼早点发现林下参,因为此时已是下午16点前后,天色已晚,再加上在密林深处,光线更显得有些晦暗。就在我暗暗着急之际,王老汉最先在陡峭的山坡上发现了一棵林下参,我心稍安。

　　我跌跌撞撞蹒跚着来到王老汉跟前,看到的是一棵茎叶已经枯萎了的四品叶林下参。此时已经是九月中旬,在长白山这个海拔高度上,夜晚的气温已经下降到零上1℃,听天气预报说,过两天还会有降雪。这就是大东北,这就是神秘的长白山,1个月后,这里就是莽莽林海雪原了。

九月中旬,林下参茎叶已经枯黄了

王老汉割爱抬林下参

　　此时的王老汉抬参的姿态已经不是我们在参园里看到的跪着了，完全是匍匐在地，像排地雷一样趴在山坡上抬参。他首先用镰刀除去人参周边的杂草树叶，并割下一段细树枝削尖当快当签子，这是最方便的抬参工具了。

　　扒开浮土，我们惊奇地发现，紧挨在这棵人参旁边，居然还有一棵"梦生"，两棵参像孪生兄弟一样相拥而伴，可能是什么突发原因，其中一棵参今年没有破土而出，而是在地下，在兄弟身边暗暗地潜伏了一整年，等待着明年春暖花开时再与之相生相伴。这就是神奇的长白山参。试想一下，大千世界，莽莽乾坤，又有哪一种植物具有这么神奇的功能，能顺应自然与四时合其序，只有这具有灵秀之气的百草之王——人参！

先扫封底二维码
下载专用软件
鼎e鼎扫码看视频
荒崴子村林下参

土老汉抬参的姿态像不像鬼子挖地雷

抬出两棵林下参

参藏长白山　雅贤楼茶文化

王老汉边抬参边说，这片林下参是12年前播下的籽，一般人是不让进参园的，一不留神踩上一脚，第二年这棵参可能就不出来了，所以，大伙脚下留情啊!

这片林下参从打种上那天就没动过，也从来没扒开看过，怕看坏喽。老郑三兄弟说让我把参起出来给你看看，要不认识他，谁也别想动。你看，这参才12年，参须长得多长，身体上纹路不多，年头还不到，得到十五六年以后才能卖上好价钱，现在起出来白瞎了。我也不想卖，也不想动，关系都不错，实在没办法。

我很理解王老汉的心情，也感谢郑殿家老师，是他的人格魅力及影响，才使我今天能够完整地寻到林下参并记录在案。此时，别说其他，唯有感谢，感谢所有帮助我的人们!

当我们趁着太阳还没落山从树林

中走出来的时候,站在山坡之上,俯瞰那一片片人参园,金黄的稻田以及夕阳下整齐安静的村庄中升起的袅袅炊烟,心中充满无限惬意,我为眼前的美景而骄傲,为生在这个时代而自豪!

一切的累,都是值得的!

用GPS定位仪测量台上镇刘家村荒崴子林下参基地结果:

海拔548米,北纬41°15′45.3″,东经125°52′06.4″,当时温度20℃,相对湿度52%。

鸭绿江对岸就是朝鲜

参藏长白山 〔雅贤栈茶文化〕

白山：山灵水灵长白山 秋实累累作货时

跨过鸭绿江 纪念保临江

2014年9月16日，考察团在集安台上镇考察结束后，经清河到通化，第二天起大早从通化出发，直奔临江而去。

这一次我们充分吸取前两次的经验教训，不能再沿着鸭绿江沿岸边境公路走了，两次沿江折返的经历已经使我们吃够了苦头。虽然这条路从通化经过白山再去临江可能有些绕远，但我们心里清楚这条路不会不通。果然，迎着初升的太阳，欣赏着一路秋天丰收的美景，于早晨8点钟左右到达临江市。

四保临江颂歌雕塑

高大的陈云同志的铜像矗立在广场中间

临江市市长刘宝芳已经在市政府办公室等候多时了。对于刘宝芳市长，我是既熟悉又陌生，说熟悉，我一年来的临江考察事宜均得益于她的安排才顺利进行的；说陌生，我们多次通过电话，但未曾谋面。虽然今日才见面，也算是老朋友了。

这是位性情豪爽、作风干练的女市长，真是巾帼不让须眉呀！

刘宝芳还亲自陪我到临江市的江心岛考察，从江心岛的规划建设情况以及市民们的精神面貌上看，政府确实为老百姓做了很多实事儿。

江心岛上，高大的陈云同志的铜像矗立在广场中间，注视着这座曾经战斗过的城市如何从战争的废墟上逐渐恢复并飞速发展走向繁荣。左侧是陈云同志手书遗迹：不唯上，不唯书，只唯实，交换、比较、反复。右侧是毛泽东主席

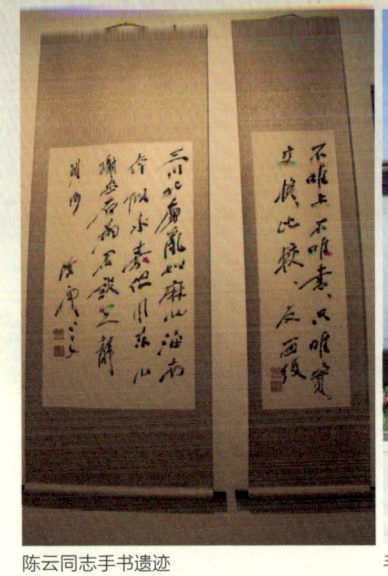 

陈云同志手书遗迹　　　　　　　　毛泽东主席手书遗迹

手书遗迹：陈云同志比较公道能干，比较稳当，看问题有眼光，尖锐，能抓到要点。

这是一座有着光辉历史的城市，一座为新中国前途命运担当的城市，一座永远坐落在全国人民心中的城市。把衷心的祝福献给临江及临江的人民！

上午10点多，刘宝芳陪我来到中华人民共和国临江口岸。驻临江口岸边防军政委韩永利先生特意与朝鲜方面口岸驻军取得联系，我们要跨过鸭绿江到朝鲜方面考察，这是我事先绝对想不到的安排，感谢市政府及边防军对文化人的厚爱与尊重。

这是1935年日本占领朝鲜时期建造的一座跨江公路桥,历经80年风雨及战争洗礼的鸭绿江大桥显得有些破败。从残破的桥面及露出钢筋的大桥栏杆上已经能够读出一些信息,看出些许端倪。鸭绿江大桥朝鲜方面一侧,抗美援朝期间曾经被美国飞机炸断的大桥修复后的痕迹也很明显,巨大的钢梁上随处可见当年美国飞机扫射时留下的弹痕,记录着那场战争的残酷。当年很多志愿军战士就是从这座桥上雄赳赳气昂昂跨过鸭绿江的,同时,鸭绿江大桥还承担着重要的战略物资的运输任务,所以必然成为美军轰炸的重要目标。由于这座大桥两侧都是高山,当年又没有精确制导技术,全靠飞机俯冲投弹轰炸目标,美国飞机轰炸这座大桥也是费了九牛二虎之力的。

　　从桥面向下看,冰冷的江水中站着很多人,随行人员告诉我,那些朝鲜

朝鲜一侧的大桥已经很残破了

1935年日本占领朝鲜时期建造的一座跨江公路桥

人在淘金。据说鸭绿江这一段的泥沙中有黄金，所以每年五一开始一直到国庆节，都有朝鲜人成天站在水中挖沙淘金。江岸边还有一些朝鲜妇女表情木讷地洗衣服，很少有交流，更别说欢声笑语。

我们在跨越国境线的同时被告知，千万不要乱讲话，并且还不能乱拍照，过去看看就得回来。这是怎样的一个国度，朝鲜边防军见我们走过来毫无表情地望着我们，我本能地想礼貌地打声招呼，想想被告知的注意事项，还是算了吧，免得惹麻烦。我们跨过国境线的那一刻，摄像机就被我们的边防军收上去了，还好允许我们拍照，但也有严格规定，不要拍到他们的人。

鸭绿江岸边朝鲜一侧有人站在水中挖沙淘金

钢梁上随处可见当年美国飞机扫射时留下的弹痕

考察团在鸭绿江朝鲜口岸大厅内

作者于朝鲜一方的桥头留影

没想到的是还破天荒地允许我们进入朝鲜口岸的大厅，大厅内迎面整面墙上挂着一幅金日成和金正日骑着高头大马的画像，可能他们觉得这是他们心中的红太阳，也可能是我们边防军同志做了工作，竟然允许我们在画像前留影，从大厅出来时，我们在朝鲜一方的桥头合影时也没受到阻拦，倒是我们的边防军同志及时提醒我们，差不多照几张留个纪念就行了。

就算是这么匆匆忙忙地走一遭，也是给了很大的面子，随行的临江市农业局领导悄悄跟我说，他是本地人，还是第一次借徐老师光以这种形式到朝鲜方面看看，平时是没有机会从这座桥上走进朝鲜的。可见当地政府对文化人的重视程度，鞠躬，谢谢大家！

先扫封底二维码
下载专用软件
鼎e鼎扫码看视频
跨过鸭绿江大桥

青松掩映下的四保临江战役纪念馆

四保临江战役纪念馆大厅中央的战斗英雄雕塑

　　从口岸回望我们的临江市内，高楼大厦鳞次栉比，一派欣欣向荣的景象，看来一个国家制度、政策对国人来讲是多么重要，虽说我们与发达国家还有差距，但此时，内心还是充满自豪感的。

　　余下的时间，农业局领导和边防军的朋友们陪我去四保临江战役纪念馆参观，那是怎样惊心动魄的战役啊！

　　纪念馆坐落在临江市猫耳山脚下，青松掩映下的牌楼显得庄严肃穆。一进入纪念馆大厅，就给人一股强烈的震撼，仿佛一下子把我们带入那炮火连天的战争岁月之中。

据史料记载，1946年12月至1947年4月，东北民主联军的三、四纵队和辽南独立一师、辽宁军区独立二师、安东独立三师以及广大人民群众，在陈云、萧劲光、肖华等同志的正确领导下，坚决贯彻执行党中央、东北局制定的"坚持南满、巩固北满"的战略方针，依托临江、长白、抚松、靖宇四县的狭小根据地，在极其艰苦的条件下，经过108天的浴血奋战，先后4次打退了国民党10万军队的大规模进犯，取得了四保临江战役的伟大胜利，彻底粉碎了国民党企图独霸东北的梦想，使我军从战略防御转入战略反攻，为东北战场即将开始的全面大反攻，奠定了坚实的基础。

临江位于吉林省东南边境，是东北民主联军辽东军区（又称南满军区）在南满的重要根据地。军区司令员萧劲光、政委陈云、副司令兼副政委肖华。

1946年12月至1947年4月，在第三次国内革命战争中，人民解放军东北民主联军为保卫南满根据地，在安东省(今吉林省南部、辽宁省东部地区)临江、通化地区和松花江以南、长春、吉林以北地区对国民党军进行了防御和进攻相

委任张国钧为临江县县长的委任状

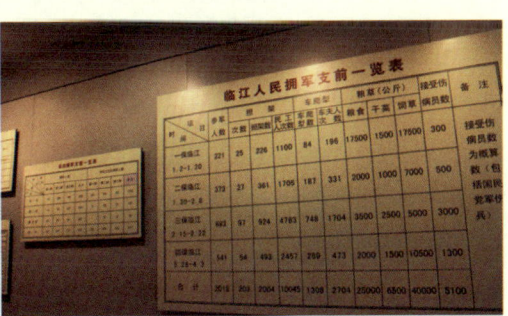

临江人民拥军支前一览表

支前大队使用的冰扎子

土地执照

结合的作战。

1946年10月，东北国民党军被歼和起义者已达3个师，但东北保安司令长官杜聿明仍调集兵力向临江地区大举进攻，企图消灭南满民主联军，尔后再转兵北上，完成其"先南后北"的战略计划。

1946年冬，国民党军继续向南满东北民主联军第3、第4纵队等部进攻，将其逼到长白山下的临江、抚松、长白等县的狭小区域内，企图在消火南满东北民主联军以后，再集中兵力大举向松花江以北推进。为粉碎国民党军这一计划，东北民主联军南满军区司令员萧劲光、政委陈云决定采取坚持南满、巩固北满的方针，并与北满民主联军以南打北拉、北打南拉、密切配合的战法，打破国民党军的进攻。

胜利者大合影

战时使用的枪械

战时照片资料

一保临江

1946年12月17日，东北国民党军除以2个师守备后方外，集中第52军第195师、第2师，第71军第91师等部共6个师对临江地区发动首次进攻，企图首先打通通(通化)辑(辑安，今集安)线，尔后围歼南满民主联军于长白山区。

南满民主联军采取内外线相互配合，追敌分散，尔后寻机歼击的作战方针。18日，第4纵队主力由通化轻装插入敌后，在本溪、抚顺、桓仁地区转战10余日，攻克碱厂、田师傅等据点20余处，歼灭国民党军3000余人，迫使其从进攻方向调第91师等部回援。担任正面阻击的第3纵队乘机反击，歼第52军一部，并收复通化以南地区。

临江根据地及外线部队作战示意图

北满民主联军为配合南满部队作战,集中主力3个纵队和3个独立师,于1947年1月5日向松花江以南出击,首先包围其塔木要点,吸引和歼击国民党援军于张麻子沟、焦家岭等地,同时攻歼其塔木守军。先后歼灭国民党军新1军两个团和保安团队一部。北满民主联军的这一行动,迫使国民党军停止对临江的进攻,并由南满抽调两个师北援。此时,由于气温骤然降到零下40℃,作战行动受到妨碍,北满民主联军遂撤回江北。

二保临江

国民党军为摆脱两面作战的困境,急于解决南满问题,于1947年1月30日,又集中暂编第21师、第195师、第2师等部共4个师,再犯临江。2月5日,民主联军第3纵队与第4纵队第10师,对进至高力城子且战斗力较弱的第195师发起反击,歼其2000余人。6日黄昏,新宾之国民党军第207师1个团赶至三源浦增援,被第3纵队主力歼灭大部。与此同时,深入南满国民党军后方的第4纵队一部,在本溪、抚顺、桓仁三角地区攻克据点多处。至此,南满民主联军再

四保临江战役使用的枪械

四保临江战役使用的枪械

次挫败国民党军的进攻,并吸引其1个师由北满南援。

三保临江

国民党军第二次进攻临江失败未及一周,又于1947年2月13日集结暂21、第91、第2、新22、第195师共5个师的兵力,分4路向临江发动第三次进攻。

南满民主联军第3纵队与第4纵队一部乘其于运动之中,首先于通沟歼其侧翼暂21师1个团,22日又于大北岔地区歼灭第91师1个团,随后乘胜收复辉南、金川、柳河、辑安等地。其间,第4纵队一部,再次向抚顺、本溪进击,吸引国民党军3个师于自己周围,有力地策应了内线作战。

在国民党军第三次进攻临江时,北满民主联军于2月21日再次越过松花江,向吉、长地区展开进攻。第6纵队主力一举围歼城子街的国民党军新30师1个团,随后转兵北进,与独2师共同围攻德惠。国民党军为解德惠之围,急由南满、西满抽调新22师、第87师等部,会同长春地区的第88师和新1军主力分路并肩北援。由于援军不易割歼,北满民主联军对德惠又久攻不克,乃于3月2日回师江北。

四保临江

1947年3月26日,国民党军调集20个团的兵力,分三路向临江地区发动第

抗战时使用的各种型号的枪械

四保临江战役期间辽东军区司令员肖劲光曾用过的马鞍子

四次进攻。南满民主联军决心以部分兵力牵制其两翼，集中主力歼灭较弱且冒进之中路第89师。4月1日，民主联军以小部兵力且战且退，将第89师诱至主力设伏的三源浦西南红石砬子(今红石镇)地区，趁其立足未稳，突然发起猛攻，全歼第89师等部，其他各路惧歼纷纷撤退，转入防御。国民党军对临江的第四次进攻又以失败而告终。东北民主联军则由被动转入主动，为即将开始的战略反攻创造了条件。

　　南满民主联军"四保临江"战役的胜利，锻炼了人民军队，为我军攻坚战、运动战、步炮兵联合作战和军事理论研究提供了宝贵经验；增强了人民群众对解放战争胜利的信心，我党我军的群众基础也更加巩固；它是东北解放战争胜利的重要转折点，为我们留下了宝贵而丰富的革命历史经验。

黎明时分准备进山作货的参农

黎明前黑夜 长白参作货

  2014年9月17日，我们告别临江，沿着鸭绿江沿岸的边境公路向长白县进发。金秋季节，到处是一派丰收的景象。中朝边境鸭绿江两岸的群山在落日的余晖中显得雄浑而壮美，有山有水的地方骨子里就透出一股灵气，如此地域环境中孕育出关东三宝之一的百草之王人参，好像是自然而然的事情，不足为奇。

  第二天早晨3点35分起床，大家匆匆洗漱后，提起行李装车出发，前往长白县马鹿沟参场。我知道县城距离参场还有段距离，而且那条土路还不太好走，5月29日来的时候，我们还担心因为天下雨上不去山，好在上山后拨云见日，老天总是眷顾我。

作者在长白县马鹿沟参场采访

由于东北地区纬度高,出发时天还是漆黑的,正是所谓的黎明前的黑暗时刻。越野车在黎明前的黑暗中行驶了半个多钟头,天快亮的时候,来到马鹿沟镇联办五参场。

听长白县特产办主任黄泽成说,为了配合我上山考察,昨天他特意嘱咐参场的领导今天早上出工要晚一点儿,以利于我们拍摄,不然参农天不亮就各自

集合,等待出发的人参作货大军

到参地干活儿了,一年四季都是这样,尤其作货这个季节就更不用说了。

参农为什么这么早就下地干活儿呢?

黄泽成说,参农心急,这是好几年的盼头,终于等待起参这一刻了,谁不着急?有时候戴着头灯就出去干活儿了。他们想早一点儿把起出来的人参送到加工厂,你去晚了,加工厂还得经过打样、检斤、化验等程序才能收参,回家休息就太晚了,影响第二天干活儿。一般情况下,参农都是起大早干活儿,下午两点左右就不再起参了,把一天起的参整理、装袋、运输,即使这样,有的时候都下半夜才能回家休息,第二天还照样这个点儿下地干活儿。正常情况

浩浩荡荡进山的人参作货大军

下,每天清晨四点半左右参农已经进山干活儿了。

虽然刚刚9月18日,可长白山区的气温已经很低了,参场院子里停放的皮卡车窗已经结满了白霜。如果不是亲临感受,谁能体会到参农经过五六年的辛苦劳作,今天才看到的这点儿希望?我们真应该向广大的参农们致敬!

此时,男人们刚刚起床,女人已经热好了简单的饭菜。就着昏暗的灯光,男人们坐在厨房的灶台前填饱肚子后就要上山干活儿了。

坐在长白县马鹿沟镇联办五参场的小火炕上,听参场场长赵志强讲述属于他的故事。

他是土生土长的长白县人,在2000年之后才专心种植人参,之前干过很多工种,比如说在横山风倒

浩浩荡荡进山的人参作货大军

木就干了6年，后来承包工程又干了6年。由于有一定的社会经验和管理经验，回到参场后就一直做管理工作，带领大伙一起种人参。目前，长白县共有5个参场，都是统一模式管理，他来五参场已经干了10个年头了。五参场共有参床21 000丈，每年作货面积4000丈，这样，在人参五六年的生长周期中，每年都是作货4000多丈，开垦新参园4000多丈，周而复始，基本上保持这个水平。今年能收60吨水参，好年景还能增加一些。这里共有26户人家，52个劳动力，4个管理者，天天都是这56个人在山上干活儿。这些人中，有的人来得很早，建参场时就在这里，都30来年了，户口都落这里了，像个小屯子一样。

伴着鸡鸣，东方朝霞已现，打头人用大喇叭通知参农，今天上山起参。一棵高大的树干上挂着的大喇叭让我感到万分的亲切，真实地感受到了乡村生活的气息。小时候在农村生活，每个村子都有这样的大喇叭，那是村里人获取外面信息的重要渠道，每天都用心听大喇叭里说啥事了，有啥新闻，有时还能听到用唱片播放的二人转、拉场戏什么的。多

先扫封底二维码
下载专用软件
鼎e鼎扫码看视频
马鹿沟人参作货

九月中旬的长白山参园地表已结清霜

参藏长白山 雅贤楼茶文化

少年没听到这种大喇叭的声音了。

没出五分钟，静静的小山村沸腾了，一辆辆三轮摩托车、面包车、"四不像"等等，从家家户户的院落里开了出来，霎时，通往山里的土道上热闹起来。

由于事前根本没想到此时山里的气温会这么低，站在土道上，我冻得浑身发紧，好在摄影师张熙是个有心人，递给我一件比天还蓝的小羽绒服，穿在我的身，暖着我的心。

为了拍摄到浩浩荡荡进山起参的场面，我和赵志强场长在前面压阵，集中车辆，待人员车辆差不多了，统一向山里的参场进发。

沿着通向参园的小土路，车队有序地行进，多少年没看到这么浩浩荡荡的场面了。30多年前，农村分产到户之后，都是各家忙各家的，像今天这种同时出工去一块地里干活儿的场面好像只有在这里能够看到。这主要由马鹿沟参场的经营模式决定的，马鹿沟参场共有26户人家，参场按计划开垦一块参园之后，这26户人家平均分配，各自管理自己的参床，各自起参交参，然后按数量按合同统一分红。参场里从1~6年生的参园都有，每年起多少丈就再发展多少丈，年年不减面积，所以年年都有成参可起，但总面积是不会变的。同时，他们非常注意林地保护和再利用，种参时同时栽上小树苗，为退参还林做准备，刚刚我们经过的小土路旁的林地，当年都是参园，如今已经长成大树林了，退参还林30多年后，这里还可以再次种植人参，大自然就是这样周而复始地为人类造福。

此时，秋霜已经染红了枫叶，这里的

走进参园的参农

守望五年的收获

参棚早已拆除，柱脚也已拔起，空旷的参床上结满了一层薄薄的白霜，参农来到各自的参床上干着一样的活儿——起参，行话叫"作货"。

实践证明，同一块参园，不同人经营侍弄，其结果不尽相同，从起出的人参状态上看，质量明显不一样。我想，这与我们日常生活中炒菜做饭的道理是一样的，相同的食材，相同的环境，不同的厨师，结果炒出来的菜一定是不一样的。凡起出的人参白白胖胖者则喜笑颜开，参体现黄锈者，则面露愁容。

此时，太阳已经露出了笑脸，暖洋洋地照在大地之上。地表结着霜，气温很低，年轻的男人们每刨一下，都会从地里冒出一股热气，女人和老人们负责抖土收参，那些白白胖胖的人参也仿佛是带着仙气来到这个世上。

人参的芽苞在深秋就已经孕育好了

这么多人在一块参园里干活儿的场景已经不多了，只有这样的联办参场还能看得到。热闹的劳动场面激励着每一个人，我按捺不住，跃跃欲试，要亲自参与起参。

这里是四年直生根参园，找来专用刨参的工具试着刨了一会儿，虽然我没有参农劲儿大，做得也不那么规范，好在咱打小是在农村长大的，底子好，没一会儿工夫就顺过手来了。起参并不是想象的那么难，这里的土壤特点是火山灰与腐殖土，加上马鹿沟参场做参床的时候土壤都是要过筛的，所以土壤很疏松，参须也不易弄断，很难在参床上找到断须，非常完美。

人参就是这么神奇的植物，从土壤中起出来的人参状态看，明年将要出土的芽苞已经孕育完成,如果不起出来,还要潜伏在地下经过长白山漫长寒冬的考验,等待明春的破土萌发。此时打开芽苞,你可以清楚地看到未来人参的茎、叶、果都已经孕育成形,这多么像人类的孕育过程,当我们还在母体之内,各部器官已经长成,只等离开母体呼吸后天之气再茁壮成长,人参"人身",名副其实啊!

不知不觉间,金色的阳光驱散了山区清晨的寒气,气温已经升到13℃,人参园旁高大的树冠上仿佛被镀了一层金,大好的晴天,大丰收的季节。

起参的队伍中,有两位60岁左右的老参农在收参,在与其攀谈中得知,他们也是种了一辈子人参,自打会干活儿就与人参打交道,其中的苦辣酸甜他们深有体会。

种人参和种庄稼可大不一样,种苞米不累,种人参太挨累,辛苦,老辛

守望五年终于有收成了

生长五年的直生根人参

人参作货场景

苦了。每天天不亮就上山,一年四季都这样。参园里80%以上的活儿都是跪着干,松土、拔草啦,成天跪着,腿跪得发酸。人参不能踩,一脚踩上去,土地一板结,人参就不乐意出苗了,参棚柱脚又那么矮,也没办法站着干活儿,就得跪着爬着干五六年才能盼来收参。所以,种人参最后得风湿性关节炎的人特别多。像我们今天起的是四年直生根还好,比较省事,种上籽就是田间管理好就行,4年后就起参了,像2倒3、3倒2那种移栽参就费事了,付出的劳动量很大,用工多。

其实，累点没啥，老百姓嘛，只要收成好，看着就高兴，只要能卖上好价钱就行，那是最大的回报了。

多么朴实的参农，多么简单的愿望，正是他们日日夜夜的辛苦付出，才使我们这些需要的人能够享受到百草之王的福泽，向这些质朴的参农们致敬！

明媚的阳光下，静静的小山村中电线杆上的燕子正在集合，准备飞往南方过冬，而那些深藏地下的人参，不能长出坚强的翅膀飞到温暖的地方，只能积蓄力量蛰伏地下，熬过长白山区漫长的寒冬。明年春暖花开时，当你在长白山区看到紫燕呢喃的那一刻，一定能够看到人参的身影，那是一个个顽强的生命！

用GPS定位仪测量长白县马鹿沟联办五参场参园结果：

海拔1082米，北纬41°31′53.3″，东经128°11′39.6″，当时温度3℃，相对湿度52%。

十五道沟前 欣赏好风光

在黄泽成一再推荐下,我们来到十五道沟,这是一个即使当地人常去都百看不厌的地方。

关于长白县十五道沟的秀美风光我早有耳闻,只是近年来都在忙于考察工作,实在没有时间去欣赏工作以外的风景。正好今天时间相对宽裕,再说也实在是挡不住的诱惑,考察团的几位年轻人也跟我养成了工作狂作风,一旦开始工作就进入忘我的状态,想想这一年来也真没机会放松放松,欣然决定,游长白十五道沟。

十五道沟距离长白县城20多千米,公路平坦,心情期待,自然一撒欢儿

鬼斧神工的千手观音石柱

十五道沟的旖旎风光

就到了。进得山门，一条溪水缓缓流淌而出，开始也没觉得有什么稀奇之处，再往里一探步，眼前的美景却深深地震撼了我的心灵。实事求是地讲，这些年来一直在南方大山里考察，名胜古迹山川沟壑没少留下我的脚印，但长白山雄浑的山体，茂密的植被，丰沛的泉水，还有大自然鬼斧神工的锻造，成就了大美长白，游此胜景之后，虽不能说被其勾魂摄魄，但绝对是叹为观止。这里的美，我无法用语言来形容，因为，任何词汇在十五道沟的景色之中，似乎都显得有些苍白。在此，唯有把亲眼所见美景罗列一二，名实符否，请君移步当车，来到长白十五道沟以判虚实。

先扫封底二维码
下载专用软件
鼎e鼎扫码看视频
十五道沟好风光

十五道沟的瀑布飞泉

九月中旬的长白山虽没到层林尽染的时节，但已经是绚丽多彩了，此时即使穷尽人间画色，也很难描绘这大自然的人间美景。这里石林矗立，雄浑厚实，绝不逊于昆明石林之美，昆明石林，露于荒野，石质干燥。此处石林则藏于深谷，上有数百股清泉飞流直下，石林润泽而有生气，山遇水则秀，何况这些石林每天都浸润在泉水之中？石林之冠，植被茂密，那是石林的生命特征。我见过南方的所谓瀑布飞泉，一两处已经够他们炫耀千年，都说山东济南泉水名扬天下，那是你没见到长白十五道沟的泉，这里几百上千股泉水横贯整条沟谷，有的泉水叮咚，有的哗哗作响，而有的则跌入深潭震耳欲聋；这里的泉水

如珠、如丝、如帘、如带、如瀑……石林有的状如猛兽,又如天女散花,有如铜墙铁壁,又如玉柱擎天……这哪里是人间仙境,就算借来神仙之手也无可企及,只能再叹大自然的鬼斧神工!

十五道沟的旖旎风光

寒流来袭前的参园

五问寒冬咋度过

　　深秋时节，立冬在即，人参入冬前还需要做哪些工作？是直接裸露在外，任凭风吹雪打，冰冻严寒，还是人为地采取一些措施？想来想去，还是放心不下那些即将迎来严冬的人参，再次驱车走进深山，寻找人参的踪迹。

　　2014年11月2日，长春轻度雾霾。

　　迎着朝阳，越野车沿着平坦宽阔的高速公路向延边州珲春方向出发，一路所见,确有农民在燃烧秸秆,空气中有一股焦糊味儿,看来,近几天长春的雾霾,周边农民是做了巨大"贡献"的。

久居城市一隅,多日不见深秋美景,出来走走透透空气倒也是件惬意的事。说笑间,5个小时后,于下午14点到达紫鑫药业在马滴达南别里的那片人参基地。

参园主人刘福贤一家人早已在简易的看参棚子中为我们准备好了丰盛的午餐,有园散养的小笨鸡、清炖野飞鸽子、水煸大豆腐、油炸柳根鱼、腌制山野菜,还有自酿的葡萄酒。在荒凉的大山深处的人参园中,你能说这顿午餐不丰盛?每道菜都代表着主人的一片心意,千金难买,不亚于饕餮盛宴,豪华大餐。

因急于赶路,已经过了饭时,考察团的小伙子们早已饥肠辘辘,但所有人都没有忘记自己肩负的工作,忙里忙外地拍摄着。

山里的大、小孩儿的脸,说变就变。饭前还阳光灿烂,白云朵朵,虽是深秋但还有一丝暖意。一顿饭的工夫,太阳在低云里若隐若现,气温也直线下降。

前晚的一场秋雨,使空气中的相对湿度陡然增加,急速下降的气温使人顿感寒气袭人,虽然出发时适当地增加了衣着,但还是感觉彻骨地冷,刚刚吃下的饭菜转化的热量瞬间被寒冷的空气吸收,我只好搓着冻得发麻僵硬的双手向参园走去。回头看一眼参园卫士——那条大黄狗,也冻得浑身直打哆嗦,但还没有忘记自己的职责,看到有生人走过,汪汪

先扫封底二维码
下载专用软件
鼎e鼎扫码看视频
人参入冬咋保护

人参入冬前的状态

地叫个不停。

　　此时的参园，早已没有绿色的生机，入冬前，人参的茎、叶枯黄地迎着寒冷的北风。

　　听刘福贤介绍，人参茎、叶虽然能提取出很多有价值的好东西，但今年不作货的人参茎叶是不能割掉的，如果把人参茎叶割掉，可能导致一些有害菌在开春时沿着茎的空心乘虚而入，侵害到人参的身体，明年春天的苗情有可能受影响，进而影响到人参的品质和产量，所以说，只有作货的人参才能割下茎叶卖钱。

　　秋雨使参床很湿，我们试着用手抬出一棵四年生的人参，可以看到，这里的人参生长得很健康，芽苞已经孕育，生长根须很茂密，这是人参生长之源，明年开春这个芽苞就会萌发，生长出新的茎、叶、果，延续着这棵人参的生命。

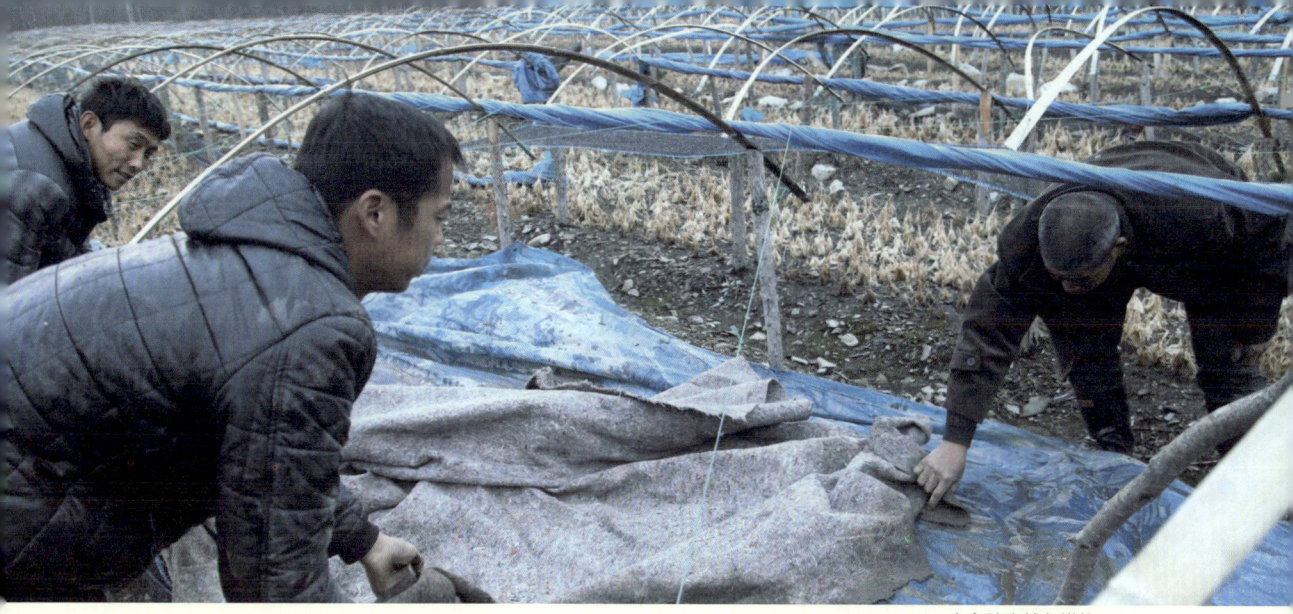

人参防寒越冬措施

据在参床上为人参做防寒工作的张师傅讲,过去条件也不允许,一般都是在参床上覆盖一层土,工作量很大,防寒效果也不好。人参过冬最主要是怕缓阳冻,入冬前或开春后,就怕气温变化大,一缓一冻,芽苞受损必定缺苗。现在条件好多了,技术相对也成熟,一般是把塑料薄膜平铺在参床上,上面再铺一层毛毡,用土局部压好。这样,如果出现缓阳冬,融化的冰水就不能直接伤到芽苞,成本虽然增加了,但总体算下来,还是划算的。当然了,前期投入也很大,有多少丈参园就得有多少丈薄膜和毛毡,这是一笔巨大的开销。

铺薄膜和毛毡的时机也是有讲究的,一般是在上冻的时候铺上,这样就不会因为气温升高使参床化开,接着就上冻了,地冻三尺是往下冻的,不容易化开。春天清明前后,再把防寒的薄膜和毛毡撤下来。种人参非常复杂,现在人参价格还不高,这么好的东西,行情不好的时候参农连吃喝都卖不出来,不容易。

参籽经过三个多月，自然发芽率达到95%以上　　刘福贤的人参催芽方法

刘福贤说，上防寒层只是人参种植的一个步骤，哪个环节都不能出毛病，一点儿都不能马虎，稍不留神，五六年的盼望就没有了。比如说育种，珲春地区因临近日本海，具有海洋气候特征，所以他就发明一种在大地平铺发芽的技术，已经应用很多年了，很成功。这种发芽的方法就是，每年七月末，把参籽清洗干净，用细密的网状布平铺在参床之上，再把参籽均匀平摊，厚度2厘米，参籽上面再铺一层细密网状布，上面覆盖一层10厘米厚参床土，进行自然发芽。珲春这地方气温高，湿度大，用这种方法催芽不用添加任何催芽剂，自然生发的发芽率能达到95%以上，比用催芽剂发芽效果好得多，未来苗出得齐，也壮。

春天我们看到的那块新开垦的参地，经过一年的养护整理已经变成真正意义上的人参园了，参床整齐地排列，已经按人参种植的规矩参床宽度170厘米、床与床之间110厘米挂好了线，刘福贤说，为了减少工作量，上冻前播上

人参越冬防寒

种子,计划种四年直生根参,到2018年秋天直接作货,移栽的工作量太大了,浪费参地不说,人参还容易做病,毕竟是从这块参园移栽到另一块参园,还是有风险的。这种直生根参外形没有移栽参那么好看,但质量好,这里的人参都是直接进紫鑫药业的加工厂制药了,外形好不好看倒是关系不大。

再过些日子就大雪封山了,雪大的时候,参床上的雪能达到1米多厚,气

人参越冬防寒

温也会下降到零下二四十摄氏度,人参这东西就是尿性(尿性,东北方言,顽强、固执的意思),冻不死,生命力很顽强。

听说大雪封山时参园积雪1米多深,我不禁担心山上的看参人的给养问题。刘福贤说,山上看参人的给养靠山下定期送上来,雪太大时,四驱车也开不上来,只好清出一条"雪路",靠人背给养上山。看参人在山上的生活本来就寂寞清苦,不能再给断了给养,所以,无论雪多大,他都要定期上山。

入冬后,看参人的饮水问题怎么解决?靠融化积雪吗?刘福贤说,选择参地的时候,尽可能地选有泉眼的地方,长白山里水资源非常丰富,到处都是泉眼。在前方大约1500米的地方就有一个暖泉,冬天也不封冻,夏天用塑料管引过来,冬天上山挑水,以保证看参人的日常用水。也有没泉眼的参地,冬天就只好融雪化水使用了,在山上讲究不了那么多,能正常生活就行。

是啊,那些被人们呵护的园参可以安全

人参防寒越冬措施

过冬了,而那些生长在深山之中的野山参、林下参又有谁来提供保护?经历严冬零下三四十摄氏度、盛夏零上三十多摄氏度的考验,这是怎样顽强的生命?一棵小小的人参,到底积蓄了多大的能量?天地气交成就了这么神奇的物种,我们应该慨叹大自然的神奇,感谢大自然的馈赠,感恩这个社会使我们能够有条件享用到天地造化的百草之王——人参。

随队的摄像师李杰也有感而发,用手机记录下此时的心情:

从春走到冬,从蓬勃走到萧条,从这种神奇的植物身上,感受到生命的坚强和希望。枯萎茎叶下,一个嫩芽已从芦头孕育,蓄势待发,等到来年春天,那时再破土而出开出生命之花。人生如人参,几经多少风霜雪雨,春夏秋冬,始终在失意时孕育希望,方到达生命的顶峰。

作者在冰雪覆盖下的参园考察

六看冰雪覆人参

参藏长白山　一雅贤楼茶文化一

　　转眼已经来到2015年，从开始考察到现在已近一年，在家里"猫冬"的时候一直惦记着被大雪覆盖下的参园是什么模样，人参在积雪下又是什么状态。耳听是虚眼见为实，不亲临现场看看总感觉没有发言权，再说，这么多年来，我已经养成了实地考察再说话的习惯，不能坐在家里叭瞎，路途虽远，往返1000多千米，还是决定跑一趟，这样心里踏实，说话心里也有底气不是。

冰雪覆盖下　人参生命硬

　　2015年3月6日，上午9点我们再次出发，这是个大好的晴天。在城市里猫了一个冬天了，走出围城，来到旷野之上，心情豁然开朗。高速公路两旁的群

冰雪覆盖下的长白山

山之中，如发的树林下，白白的积雪因几日前温度的升高而融化了许多，向阳坡已经没有积雪了，只有背阴面还是积雪覆盖。我不免有些担心，本来是想拍一些积雪覆盖下的人参园，万一没有积雪就不理想了。

不过，这种担心很快就被眼前的现实打破了，越往山里走，山上的积雪明显增加，逐渐恢复了我的信心。今天是惊蛰，按长江黄河中游算已经是万物复苏、蛰虫出土的季节了，可我这里是关东大地，塞外风光，此时照样可以白雪皑皑。

下午1点30分，我们到达珲春马滴达，看参人老魏早早就等待我们，并在一个小饭馆准备好午餐。大家都已经饿得前胸贴后背，自然吃得很香，别的没记住，那盘鲜美的酱焖柳根鱼给我留下深刻的印象。据饭馆老板说，这个季节柳根鱼很少，是钓鱼人凿开冰层钓上来的，一天可能也钓不上来1斤。难怪这盘酱焖小鱼儿这么新鲜。

老魏说，进山的路早被大雪封住了，知道我今天要进山考察，怕我的车开不进去，上午特意用他的四驱皮卡车轧出一条"雪路"，有了这个车辙，进山相对方便了很多，不然你根本分不清哪是路哪是沟。

即使这样，老魏还是不放心，他开着四驱皮卡车在前方引路，我坐在后面的越野车里，看到老魏的车开过之后，厚厚的积雪被汽车底盘拖得溜平。看看司机小林，手心里还是捏着一把汗。好在路不是很远，才二十几千米，况且有老魏在前方引路。车速虽慢，但我们有惊无险地来到被大雪覆盖着的紫鑫药业这片人参基地。

可能冬天很少有人来到这里，连看守参园的猎犬都在好奇地看着我们。入冬前来时看到的那条被冻得发抖的大黄狗对着我们温柔地叫了几声，算是欢迎词，还有一条怀孕的母狗安静地看着我们，眼睛里似乎也充满了母爱。一条小京巴狗摇着尾

通往参园的雪路

四驱皮卡车轧出一条"雪路"车辙

参园里非斐跟作者走的一条小狗狗

巴跑前跑后，我们考察临走的时候，它还送出很远，久久不肯回去。

听看参园的老魏讲，他也是种了30多年人参的把头，一直干这个活儿。今年他们夫妇俩已经一个冬天没下山了，年也是在山上过的，这么大的参园，没人看可不行，不防人还得防野兽呢。福贤二哥仁义，咱得为人家负责任。山上的给养充足，山下定期给送上来，屋里生着炉子，也不冷，就是吃水费劲，得开着三轮车到1.5千米以外的小河里去拉。平时也很少有人来，除了他们夫妇俩就是参园养的大小10条猎狗，每天有这些伙计们陪着，忙里忙外的，也不着闲，人一忙活起来生活就有意思了，如果没有这十条狗，只剩我们两口子大眼儿瞪小眼儿的可就没劲了。

萧瑟的群山衬托着被厚厚的白雪覆盖着的人参园，静静地躺在湛蓝的天空下，显得静谧而安详。走进没膝积雪覆盖下的树林，这里已经看不到任何树下的面貌，更不知道那些林下参到底身在何处，只有各种高大的杂树迎风而立，枯黄的树叶挂在枝头被北风吹得摇摇晃晃，沙沙作响。

先扫封底二维码
下载专用软件
鼎e鼎扫码看视频
冰雪覆盖的人参

作者踏着厚厚的积雪艰难地走进参园

听老魏说，前几天气温偏高，积雪已经融化了不少，冬天最厚的地方有1米多厚，人都走不进去。

此时，我踏着厚厚的积雪，艰难地走进参园，全然不顾灌入鞋子里冰冷的雪水，费力地扒开厚厚的积雪，踏碎积雪下的残冰，露出铺在参床上的薄膜。残冰就是前几天融化的积雪又结的冰，如果没有这层薄膜保护，这样的残冰可能就会伤到人参的芽苞，这就是所说的缓阳冻，反复的缓阳冻对人参伤害是最大的。

掀开积雪下的塑料薄膜，终于看到了藏在积雪下面已然枯萎冻硬的人参茎、叶。此时的关东大地还是被冻得坚如磐石，人参就是在这样严寒的冻土中顽强地孕育着生命。要熬过冬天零下三四十摄氏度的严寒又要挨过夏日里三十多摄氏度的酷暑，这需要多么顽强的生命力，如此生命力顽强的植物其对人类

参园上覆盖着厚厚的积雪厚度超过30厘米　　冰雪覆盖下的人参

的药用价值也一定是最高的。

　　我用尺子测量了一下,今天参床上面的积雪厚度在20厘米以上,稍下部位厚度超过30厘米。整个人参园就静静地躺在皑皑的白雪之中,等待着春天的到来。

　　为退参还林栽下的小松树苗也傲然地挺立在风雪之中,幼小的身躯蕴含着一股生的力量,这就是大自然的竞争法则,只有默默地付出,才能获得顽强的生命。人生亦不过如此,不经风雨哪里能见到彩虹?

　　从冰雪覆盖下的群山中走出来时,我们还看到了一丝春的意味。就在马滴达镇子边上,有一条小河,在湍急的河水冲刷下,有一小段已经化开,河水欢快地流淌着。那是春的讯息,也是春的希望!

遍·访·山·区·养·参·地

深秋时节，黎明前的参园

七 享深秋作货时

2015年9月29日，晴。

按计划下午1点30分从长春出发，这次是要到珲春马滴达南别里人参基地考察移栽人参作货的内容。这片人参园是过去两年中我考察次数最多的地方，从人参园的开垦、熟地、拌土、打垄、催芽、播种、移栽、掐花、防寒、冰雪下等等，几乎囊括了人参种植程序的全过程。如今人参成熟要作货了，很想前去看看。

好在长春到珲春走的是高速公路，500多千米的路程我们还是走了五六个小时才到达珲春。晚20点左右，终于来到了南别里，山上照例给我们准备好了地道的杀猪菜，明天就要开园作货了，今天特意杀了一头猪吃喜。

本来我们是要住在山上的参棚中，明天早晨好采访参农出工的场面。但此时是人参作货的季节，山上参工比较多，没地方容下我们。刘福贤说马滴达有家小旅馆，于是决定寄宿马滴达，回程也正好顺路采访一下这里参农的生活情况。

皎洁的月光下，我们随意走进一间低矮的参棚子之中。参棚子虽然是参农临时的住处，显得有些破旧，但已经有太阳能电池照明了，在过去的时候，山上照明就是蜡烛或者煤油灯。

这里住着两对儿四川籓州来此打工的小旅食工，他们说，已经在这儿干13年了，平时在其他参场，明天这里的人参要作货了，所以都过这边来干活儿。能在这里干这么长时间，主要是参场主人刘福贤为人厚道，在这儿能挣到钱。

珲春马滴答南别里参园

作者深秋之夜采访参农

像他们这样的一对夫妇9个月能挣10多万元，每年开春三月份过来，十一月份回老家过年，像候鸟一样，年年如此。除去两个孩子学习的费用，还有些积蓄，挺知足的。种人参这活儿虽然辛苦，但心里很踏实。

当初能从大西南到大东北来打工，是因为家族的爷爷抗美援朝时当兵来到这里，复员后就扎根边疆落户珲春了。四川地少人多，日子不好过，就投奔家族爷爷来到东北。他们命好，来东北就碰到刘福贤二哥在这里种人参，一干就是12年。能干这么长时间,最主要的是二哥仁义,从来不拖欠工钱,平时家里有啥难事都愿意跟福贤二哥说,能帮助的你不用说他就给办好了,凡事他吃点亏没事,决不让我们参农吃亏,每年回家的时候一路都打电话关心我们到家没有,我们处得像哥兄弟一样,回家一段时间就想他了,第二年一定回来干活儿。我们都商量好了,只要二哥种人参,就一直跟着他,直到干不动了为止。

从这两对四川夫妇的叙述中,能明显感觉到刘福贤在他们这些参农中的地位,大家都很尊重他信任他。

其实刘福贤也很愿意长期雇用这些外地来的参农,这些参农多数都是四川、贵州等地过来的少数民族兄弟,并且都是两口子一起来参园打工。用外地人省心,不用看管,他们都知道自己应该干什么活儿,也不偷懒,而雇当地人干活儿就不好管理,事多。

不经意间夜已深,参农们明天还要起早干活儿,只好匆匆告别下山去了。

没想到的是,来到马滴达那家小小旅馆,被告知一个房间都没有。现在是人参作货的季节,这里挤满了外地来的人参客商,每个小房间都住满了客人。

实在没办法,刘福贤把我们领到他租住的一间屋子,这是他下山临时休息的地方。一铺火炕,炕头是一个朝鲜族特有的土灶,灶膛里烧着劈柴,感觉挺暖和。刘福贤把炕头睡梦中的兄弟叫醒,让他到外面去找宿,并歉意地说,徐老师,今天晚上哥几个委屈一下吧,在这里将就一宿,这镇子

先扫封底二维码
下载专用软件
鼎e鼎扫码看视频
深秋体验作货时

上实在没办法找到住的地方了，对不起了。"

"哪里是人家对不起呀，明明是我们的到来给人家添了太多的麻烦，感谢福贤兄弟！"

就这样，考察团五个成员两床被子，两床褥子，两个枕头。好在这帮小伙子照顾我老人家，分给我一个褥子一个枕头，并让我睡在炕头。多少年没这么睡过觉了，那可是我儿时的记忆。小时候家里孩子多，都是这样一人一床被子直接睡在火炕上，哪有褥子铺啊！

炕头烧得很热，烫得我翻来覆去睡不着，可能真正令我一时难以入睡的还是此景勾起了我脑海中那些遥远的记忆。我们一路走过来都不容易，今天我有能力为家乡人民做点事，再苦再累也要坚持下去，并力争做到最好！

第二天早晨三点多钟，我们就赶紧起床，擦去车窗上的薄霜发动汽车向山里出发。从马滴达到人参基地还有二三十千米的山路要走，去晚了参农就都上山干活儿去了。

紧赶慢赶，终于在4点1刻赶到了山里。此时，东方还看不到一丝的鱼肚白，正是黎明前最黑暗的时刻，当地临时招工来的众参农们已经起床，开始准备一天的工作了。做饭师傅正在揉面准备蒸馒头，灶膛里的劈柴发出噼啪的声响，吐着红红的火苗，映着参农们饱经沧桑的脸庞，环顾一下参工的住宿条件还是很艰苦的。

参藏长白山 雅贤楼茶文化

寻参之路虽然艰苦，但也充满快乐

那些少数民族地区来的长期参农们早已烧好饭，正在安静地吃早餐，很明显他们要比当地人起得更早。并且伙食也不错，刘福贤知道现在正是人参作货的季节，参农体力消耗大，每天都特意给各家送来肉食改善伙食，这一点也令众参农们很感动。

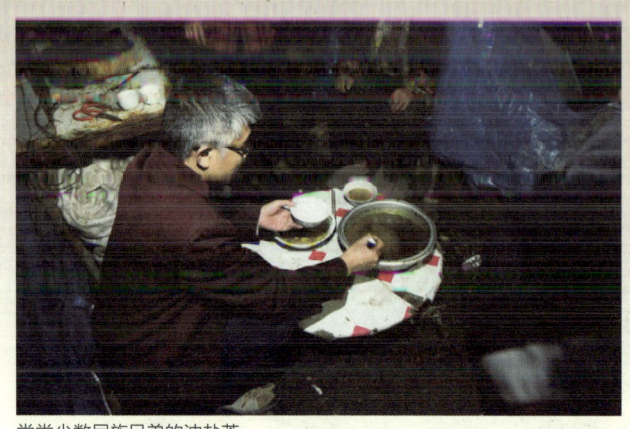

尝尝少数民族兄弟的油盐茶

  这些少数民族兄弟虽然多数人已经在东北参园干了十几年了，多少在饮食方面入乡随俗，但还各有每个民族的味道。比如，贵州遵义的仡佬族，饭后一定要喝油盐茶。当我来到仡佬族兄弟的住处时，他们已经吃过早饭，正在喝家乡的味道——油盐茶。一位仡佬族大姐递给我一只特意洗干净的水碗，请我喝她亲自做的油盐茶。喝上一口油盐茶，苦苦的，咸咸的，香香的，那是仡佬族家乡的味道，那是生活的味道，温暖人心啊！

  看到我的摄影师在拍摄，这些质朴的仡佬族兄弟还不好意思了，连说我们整天都泥丁巴叉埋丁巴汰的，可别就这么地上电视了，让人看到多不好啊！

  与这些仡佬族兄弟的攀谈中得知，他们这伙人比较多，5户人家10口人，有的也已经在这儿干十来年了，这几年新加入进来的人都是在这儿干活儿的家乡人介绍过来的，在外打工碰到像刘福贤二哥这样的好老板不容易，都不愿意走了，想长期在这儿干。这些人每年都回到这里来干活儿，就是冲着福贤二哥回来的。从外地参农们的神态看，刘福贤已经赢得了参农们的心，他确实把这些参农当兄弟。所以在参场，不管年龄大小，都管刘福贤叫二哥。我跟他开玩笑说，成龙才混个大哥，你在这儿就是成龙的地位了。

能让众参农从心里认可你为二哥，不容易呀。

黎明时刻，参农们整装待发

作者与参农们一起下地干活儿了

　　是的，为人老板者，要时刻把员工装在心里，才能赢得员工们的尊重，企业才能够长远地发展。敬人者人恒敬之，天之道也！

　　当东方曙光初现，参农们扛起各自应手的工具向参园进发了。他们要到各自的岗位上为今天人参作货做着前期准备工作。

　　太阳出来了，照耀在成片的参园以及参园旁的树冠上，背后的群山仿佛镀上一层金色，在初秋的霜染下已经呈现出万紫千红的炫丽色彩。虽然阳光灿烂，但初秋山区的早晨气温还是很低的，透出丝丝凉意。开始我还意气风发地跟在参农的队伍之中，一会儿工夫已经感到阵阵寒意袭上心头，紫鑫药业的员工赶紧给我送来一件大棉袄穿在身上抵御初秋的寒气。

参园作货前祭拜山神老把头

燃放鞭炮，开园

参把头刘福贤开园起参

参藏长白山 〔雅贤楼茶文化〕

  终于到了收获的季节，每个人脸上都洋溢着幸福的笑容，那可是参农们五六年的期盼啊！

  时辰已到，刘福贤差人放上供桌，把供品猪头、四个猪蹄、一个猪尾巴以及供果摆上，在长白山区，这是参园开园的基本仪式，起参前都要拜山神老把头。

退参还林

作者在南别里参园作货

丰收时节的南别里参园

　　刘福贤在供桌前虔诚地磕头跪拜：山神老把头，保佑我们参地多起人参，多出产量，保佑干活儿的工人都平平安安、顺顺利利！

　　在震耳的鞭炮声中，刘福贤自信地拿起镐头开园起参。这是激动人心的时刻，期盼了五六年的人参就要展示在世人面前，就要为人类造福了，谁能不激动呢？

收获

人参茎叶也是宝

祭拜仪式结束后,众参农在各自的岗位上开始干活儿了。我也不甘示弱,先是跟参农们一起拔参秧,以前只是看到长在参园中的参秧,那是碰不得的,更别说拔下来;再就是起参的季节在人参产地看到过用车子拉着成捆的参秧;今天我却用自己的双手亲自拔下来那么多人参秧,这些人参秧会被送到人参加工车间提炼出很多有大用处的好东西;然后就是借来工具刨人参,这里参床腐殖土很疏松,所以用这种刨的方法对人参伤害很小,几乎不断须,当然了,这么大面积的参园不可能用野山参、林下参那种方法抬参,不过用这种刨的方法

染霜的参叶

参农的喜悦

作者在南别里参园作货

也确实是个力气活儿。听刘福贤说,我刨的还像模像样的,很标准,我很享受与参农们一起劳动的快乐!虽然一会儿工夫就出了一身汗,但是心里还是很高兴!

这片人参园是紫鑫药业的人参种植基地,在整个田间管理的过程中,严格限制农药、化肥的使用,所以这里的人参长得肥壮饱满,没有一点儿瑕疵。临行我还特意在这里购买了一些刚刚起出来的纯正的长白山鲜人参,清洗后赠送给我那些亲爱的朋友们,那是我找到的最好的长白山人参!

密林沃官地 参籽播土中

就在马滴达南别里这座大山上，刘福贤在这里正在种植林下参。这座山的植被基本上就是针阔叶混交杂木林，林下腐殖土层很厚，完全符合林下参种植的要求，所以他就承包了70公顷山林种植林下参。他说，也不指望这一辈儿出多少钱，给子孙留着。未来的十几二十年间，这里的林下参成熟时，也算种了一辈子人参的人有个好的归宿，那时就啥都不干了，上山看参。

这里有一群参农正在播参籽，我仔细观察了一下，参籽播种得很密集。刘福贤说，现在密集播种主要是为了保苗，参籽播少了万一苗出得不好就很麻烦，先种上，等出来后再间苗。再说了，别看现在种得很密，而真正能健康生

种植林下参

作者亲自尝试刨坑、点籽、填埋种下一些参籽

长十几二十年到最后成参的，也就是十之一二。不是有那句话：一年绿，二年黄，三年见阎王。林下参也不是种下去就万事大吉了，也得精心管理，这里完全是近似野山参的环境，模拟野山参的生长状态，到最后能剩多少还不知道呢，以我的经验判断，这片山场子，应该可以。

我也试着亲自刨坑、点籽、填埋种下了一些参籽，刘福贤说，记住这个位置，徐老师种下的这些参籽未来一定都能长成大人参。这是福贤对我的衷心祝愿，也是对他在这里种下的每一棵人参衷心的期盼。祝福贤未来林下参大丰收！

先扫封底二维码
下载专用软件
鼎e鼎扫码看视频
密林播种林下参

八视集安林下参

2016年8月29日，晴。

近期以来，吉林省大部分地区连日阴雨，深入长白山区考察林下参作货的计划也是一拖再拖。查看近期天气预报，我们将要考察的集安地区也一直有雨。怎么办？如果错过季节，想考察林下参作货这个环节就要再等上一年的时间。

临行前，我以《周易》参伍筮法时空定位得29号各时辰卦象为：卯时地风升卦；辰时地雷复卦；巳时坤为地卦；午时地水师卦；未时地火明夷卦……断定无碍，果断决定29号进山考察。事实证明，在接下来的一路行程及考察过程

作者进山考察林下参

中,天气状况均晴好,待考察结束过了申时下雨了,并且连续数日阴雨绵绵。第二天,我们返程时得水地比卦,水润大地,焉能无雨?结果一路小雨。以上推断名实符否,有"参藏长白山"考察团成员为证。

我之所以坚持要去考察林下参,就是因为林下参与园参作货方式方法有所不同。由于林下参是分散种植在密林深处,并且都是各家各户管理,种植时间不同,生长环境不同,作货时间也不相同……方方面面的因素决定了我们没办法考察到大面积林下参作货的场面。之所以选择要去集安考察林下参作货,一是那里的林下参种植比较成功,听说有些老参地已经20多年了,按照国家关于人参的相关规定,生长16年以上的林下参,即可称为山参,更何况那些生长了20多年的林下参;二是,近两三年来,我在集安考察时多次接待我们的集安市特产局副局长朱磊,现任集安市花甸镇镇长,长达三年的交往,我们

密林下的林下参

已然成为很要好的弟兄，兄弟任镇长，咱也得抽时间去拜访一下，也替人家宣传宣传，也不枉人家多次的热情接待。

老天开眼，早六点半从长春起程时赶上个大好晴天，一路欢笑，午1后13点到达清河镇，全程行驶358千米。

朱磊兄弟已经在那里等候多时了，有朱磊兄弟在前引路，沿着一条曲折的乡村小路直奔花甸镇而去。

朱磊向作者介绍集安林下参种植情况

稍事休息后，在朱磊兄弟的带领下，考察团来到一个叫钓鱼村的地方，村长杨志发准备带领我们进山考察。这里叫钓鱼村也可能是这里的水系很发达，据陪同我们的当地司机介绍，这里沟河密布，河里鱼的密度大，并且很多都是稀有的长白山冷水鱼，他经常到河边钓鱼，渔获颇丰，并且答应我说，等考察回来后，如有时间，他要亲自到河里捕鱼晚上炖着吃。对于我这位痴迷的垂钓者，听到河里有鱼的

通往林下参园的山路

消息也是很勾心神的。

说话间，司机将车停在一个岔路口上，村长说，再往前徒步走1.5千米就有一片林下参园。这片参园目前还没到作货年头，今天完全是为了考察才允许我们进入。

啥也不说了，唯有感谢！

这是一条崎岖的布满石块的林间小道，坡度不是很陡，行走起来也不算吃力。没走出去多远，前方的一条小溪拦住去路，好在小溪上有座独木桥。当我的双脚踏上独木桥时，朱磊兄弟和村文书忙提醒我注意安全。其实大可不必，咱也是常年在大山里行走的人，啥险路没走过，自然轻松飘然而过！

生长十几年的林下参

受保护的中华蜂

再往前走，看到山路左侧散放着一些蜂箱。村支书介绍说，这是中华蜂保护基地，养的都是我们本土的蜜蜂品种，本来长白山区一直就养中华蜂，后来从外面引进的蜜蜂品种专杀中华蜂，导致中华蜂数量锐减，现在也只能保护起来。看来，无论是动物还是植物，都不能盲目地引进，弄不好就会招来灭顶之灾啊！

行进的过程中，还不时地能听到从深山中传来阵阵野猪的嚎叫声。村支书说，现在生态环境越来越好，山里野猪的数量也越来越多，野猪是国家二级保护动物，不让打，又怕野猪出来祸害人参，有时一窝一窝地出动，参园万一让野猪逮着那损失可就大了，没办法，只好定时地用录音播放野猪的嚎叫声把野猪吓跑，别说，这招儿还真管用。

不知不觉间，我们便来到看参人的小屋前。此时，抬参的把头王守振还没赶到，趁着等待把头的空当，简单地了解一下这里的林下参种植情况。村长说，这片林下参有2.2公顷，已经十几个年头了，林地是典型的针阔叶混交林，林下腐殖土层厚,坡度在30度左右,非常适合林下参生长,这是早些年种下的,现在这样的林地不好找了。

待把头王守振赶到之后,众人收拾好简单的抬参工具,向山里进发。

连日的阴雨天,使得林地里湿度很大,潮湿的空气中弥漫着各种植物的气味,脚下的腐殖土软软的,走在上面挺舒服。

此时的长白山区,虽然刚过处暑还没几天,可人参的茎叶已经枯萎了,杂草中只剩一根枯茎,如果不是有经验的种参人,我们这些山外的人根本辨认不出枯茎下就是我们苦苦寻找的林下参。王守振麻溜儿利索地清理场地,开始抬参。由于这里的腐殖土层厚,非常松软,加上刚刚下

跋山涉水寻找林下参

过雨,所以,抬参的过程相对于我们放山寻找野山参的抬参过程,那可是简单多了。二十几分钟后,一棵完整的在长白山密林下生长了十几年的林下参便呈现在人们面前,只是此参形体不太好看。

村长说,前方500米开外还有一片林下参,那个山凹背风,林下参长得精神,现在应该还是绿的,只是前面没路,不好走,坡度陡有深沟,问我想不想去那儿再看看。

咱也是翻过山越过岭的人,人家能让咱走进林下参园是给咱兄弟面子,路再难走咱都得上去,没说的。

就这样,众人在村支书的带领下,跌跌撞撞地向远处的密林深处攀爬而去。

发现一棵林下参

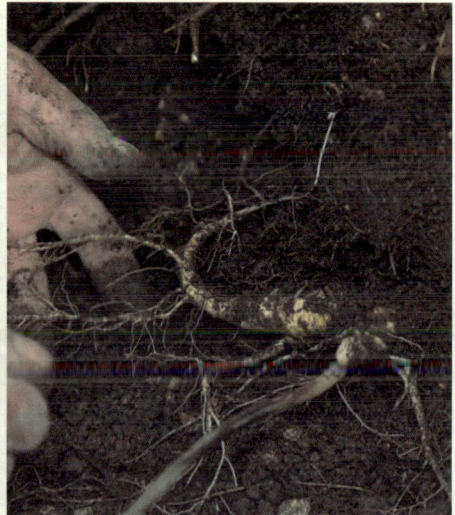
林下参在土壤中的生长状态

参把头王守振向作者讲解集安林下参　　丁山上的林下参根须飘逸景

正如村支书所言，这里的林下参果然还是油油绿绿、精精神神地生长着，可谓天是一片天，一山各不同啊。只是这里的林下参数量不多，稀稀落落东一棵西一棵，与我们2014年在集安秋皮村考察所见有很大区别。

把头王守振选中了一棵四品叶林下参，非常认真地开始抬参。半个小时后，一棵灵秀飘逸的林下参被完整地抬了出来。细看此参，圆膀圆芦，根须飘逸，由于生长的年头儿还不到，显得稍嫩，但稍小一些的珍珠疙瘩已经形成。最可心的是，这棵林下参在生长的过程中，不知道是什么原因，参体长成了半圆形，这正是我苦苦寻找的人参普洱太极图上所需的人参形态，真是踏破铁鞋无觅处，得来全不费功夫啊！

先扫封底二维码
下载专用软件
鼎e鼎扫码看视频
集安花甸林下参

王守振说,他今年46岁,从19岁开始下地干活儿就种人参。26年前,他买了30千克参籽种下一片林下参,由于林下参生长缓慢,每年都掉苗,目前只剩下不到3000棵,不过品相非常好,前几天他还抬出来几棵。

下山的时候,他还特意约我看那些藏在冷藏柜中的宝贝。果然,生长20多年的人参就是不一样,芦、艼、体、须、皮五形俱佳,尤其深黄的表皮已经有木质化的感觉,显得老成而珍贵,这样品质的林下参,本质上与野山参无异。这是大自然对他从年轻到中年痴心守望的馈赠。有幸用得此参者,一定要怀藏敬天、敬地、敬人的崇敬之心,这是几辈子修来的福分啊!

抬完林下参,大家继续向山里的一块集安小趴货人参基地攀爬,这也是我此行的目的之一。大家都知道集安趴货参名扬天下,2014年秋天,我只是在趴

集安小趴货参园

集安小趴货参苗生长旺盛

货大王赵德富那里见识过大趴货参,但那毕竟不是普通人能种出来的大趴货。

前面我们讲过,长白山区野生人参资源几近枯竭,生长16年以上的林下参本质与野山参无异,并且还不能量产,所以,林下参也显得弥足珍贵。市场上,我们经常会看到一些芦头长得很长,体须也很飘逸,表面看像林下参,其实,这是集安地区的一个特殊品种——集安小趴货参。今天,我们就去揭开这层神秘的面纱,看看集安小趴货参到底是什么货色。

来到参园,表面上看,这里的小趴货参园与普通参园种植方法没什么两样,只是集安这里的山坡度较大,且土中含沙,利水透气,所以人参才能长时间生长,特殊的地理环境,造就了集安趴货参。

细看,集安小趴货与普通园参的种植方法还是有很大区别的,这里的参

集安小趴货参还是挺有特点的

床做得都比较矮，这样，人参的身体长得就短，参须较长，在一块参园中生长四五年再移栽到另一块新开垦的参园中继续生长，如此反复移栽三四次，生长10年以上，吸取至少3块以上林下腐殖土中的营养方才长成。

由于人参每年春天都会长出一根茎，秋天落叶后就会留下一个痕迹，俗称"碗"，有多少个"碗"是人参多大年龄的基本特征。由于这里土地相对贫瘠，所以人参生长缓慢。聪明的集安种参人就这样在参园中年复一年地耐心培育，十几年后，就长成了外表有些像林下参的小趴货参。所以才有人以集安小趴货冒充林下参，不过，有经验的人还是一眼就能辨认出来的。

午后3点3刻，我们圆满完成了此行考察的所有任务，顺利下山。此时，天空已经在不知不觉间阴了下来，云也越积越厚，就在我们返回花甸镇的瞬间，一场连绵秋雨不期而至。

晚上就住在镇上的一个小个体旅馆，虽说房间只有几平方米，卫生也勉强过得去，来到乡下也讲究不了那么多，只是房间里的坐便器盖只剩下半拉儿，发张微信朋友圈，小心划伤屁股。

回想近3年来我在长白山区的寻参之路，可算得上是历尽艰辛，不要笑徐老师住的小旅馆，这还算是不错的待遇了。在过去的考察过程中，我住过农家火炕，没有铺盖只分到一条褥子，好在那晚住的是火炕。

事后戏称，徐老师上可进庙堂，下可进厨房，一箪食，一瓢饮足矣，无所图也！

第三篇

—— DI SAN PIAN ——

咱也当回放山人

咱也当回放山人

长白山下,

三江源头,

一代又一代,依山而生,技艺传承,

唯有老把头的一首无名诗,

存于心中,成为坚定不移的信念。

他们生在这里,长在这里,

百年后化作尘埃在这里,

与长白山参,根本同源。

进山跋涉,入市探察,寻人寻参,

与新时代的养参人一同劳作俯首,

随身经百战的老把头进山挖棒槌,

亲见一棵参的长成,感同几代人的辛劳,

参依景,景依人,参人共仰。

放山老把头节上的香火

放山文化有传承

  春来冬往，从播种到收获，我们已经了解了种植人参的各方面情况，如今长白山区的人参种植可谓前景大好。但在长白山区，还悄悄生长着从远古走来隐秘在深山密林的野山参，这些神秘的野山参恰似活化石，浸润着大自然最长久、天然的天地精华，也见证了长白山区的老把头放山人们神秘而坚韧的传承生涯。

  在这3年间的几次寻访之中，我十分有幸结识了几位颇具风范的放山老把头，聆听了他们传奇的放山故事，感受着他们流淌在血液里的放山人的精神，甚而亲身参与了一次放山活动，这是老把头眷顾我对人参的一片钟情，这些经历也让我终生难忘。

山神老把头孙良

关于山神老把头的传说,在博物馆中我们就看到了很多,众说纷纭中,我认为最让人信服的就是孙良一说。

说从前,山东莱阳有个叫孙良的人,他母亲患重病,老中医说关东山人参能治这个病,孙良非常孝顺,便告别新婚不久的妻子只身翻山过海来到关东山大森林,在这儿遇到一个名叫张禄的山东人,也来到关东山挖参。两人结拜为兄弟,孙良为兄,张禄为弟,同吃同住同放山。有一天,两人分头进山,晚上孙良回到地戗子,发现张禄没回来,孙良连宿搭夜地进山寻找张禄,接连找了

把头节上的歌舞

三天三夜，不吃不睡，感觉熬不住了，倒在一条古河边，捉到一只蝲蛄吃了，才有了点精神，就捡起个小石头，在河边一块大石头上写下了流传至今的"绝命诗"：

家住莱阳本姓孙，

翻山过海来挖参。

路上丢了好兄弟，

找不到兄弟不甘心。

三天吃了个蝲蝲蛄，

你说伤心不伤心？

家中有人来找我，

顺着蝲蛄河往上寻。

再有入山迷路者，

我当作为引路神。

又简单写了自己来关东山挖参的情况，然后又顺着小河往上游走，继续寻找好兄弟张禄，走不多远再次倒下，永远闭上了眼睛……

长白山区村落里的放山老把头雕像

孙良心地善良，对朋友讲情义。放山人都非常敬重他。传说他掌管长白山时，保护放山人不遇上狼虫虎豹，当穷人遇到困难或危险时，都会得到老把头孙良的帮助。孙良已然成为长白山区百姓的保护神。

传说，三月十六日是孙良的生日，所以每年的这一天，长白山人参产区都要举办盛大的祭拜老把头的活动，成为长白山区独特的民间传统节日。

盛大的祭拜老把头的活动

放山文化有传承

说到放山历史，早在公元3世纪中叶，长白山区已经开始有人采挖人参了。

长白山区的人们把进深山老林寻找采挖野山参称为"放山"。过去，长白山区靠放山为生的人极多，在当地人眼中，参与放山是一个男人成熟的标志。茫茫林海，瘴气弥漫，野兽横行，遍布危险。因此，放山是对人的胆量、智慧、体能乃至道德的考验和锻炼。

原始森林中生存条件极其恶劣，为了生存和寻找、挖掘、保存人参，客观上需要一些山规来约束人们的行为，更需要科学的技术和能力。经过千百年来历代放山人的亲身实践、总结提炼、交流借鉴，逐步形成了一整套由专用语言、行为规则、道德操

拉帮

进山

祭拜·搭地戗子

守、挖夯技术、各种禁忌、野外生存技能、专用工具器物等构成的放山人自觉遵守的独特的民间风俗，经过放山人师徒之间口传身授，世代相传至今。

放山习俗分布于长白山区，以抚松县最为集中。放山习俗中的崇拜信仰、思想品质、道德规范、环境意识、价值认同和传统技能，极大地影响着当地人们的精神境界和文化理念并升华为一种独特的人参文化，具有鲜明的地方特色，展现了中华民族杰出的文化创造力，体现了中华民族的人文精神，是中华民族古老的传统理念的遗存，具有很高的学术价值和实用价值。在中国各民族古老的习俗中，像放山习俗这样历经千年而至今仍具有实用价值的并不多见。

观山景

压山·打拐子

叫棍儿

开眼儿

喊山·接山·贺山

抬大留小

砍兆头·撒参籽

掌觅·讲故事

下山

还愿

放山人讲究平等互助,谦让友善,相互不争夺山场了,卖人参的钱人家平分。下山时搭的锅子不拆,留给其他放山人用。还要留下火种和盐,以备救助他人。放山人懂得靠山吃山还要养山的道理,青山常在才能永续利用,体现了人与自然的和谐。

每年的春、夏、秋三季都可以放山。依不同季节称为芽草市、青草市、小夹扁儿市、大夹扁儿市、青榔头市、花公鸡市、跑红头、韭菜花市(又叫刷帚市),直到下枯霜为止。

在千百年的放山活动中,形成了一整套流程,至今山里人还在严格遵守。

放山流程

拉帮→进山→祭拜·搭地锅子→观山景→压山·打拐子→叫棍儿→开眼儿→喊山·接山·应山·贺山→抬大留小·砍兆头·撒参籽→"拿觉"·"讲故事"→下山→还愿

放山专用工具多

在一系列放山活动中，一辈又一辈的放山人发挥聪明才智，不断创造、改进，而今发明了一套专用的放山工具。

指南针：长白山山高林密，遇上阴雨天方向难辨，放山人要依靠指南针辨别方向。

戥子秤：专门用于称量野山参的秤。

索拨棍：也叫索宝棍，五尺二寸长的木棍，顶端用红绳拴两个铜钱，以"辟邪"，铜钱忌用带"道光""光绪"等字的铜钱。索拨棍的作用主要是用来拨草寻参和防身，也是放山人互相联系的工具。

棒槌锁：一根三尺长的红线绳，两端各拴一枚铜钱。发现人参喊山之后，立即用棒槌锁"锁住"棒槌，防止棒槌"跑掉"。

大烟袋、快当剪子、快当铲子、快当斧子

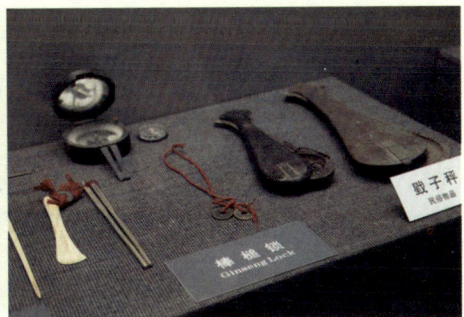

棒槌锁

参包子

兆头

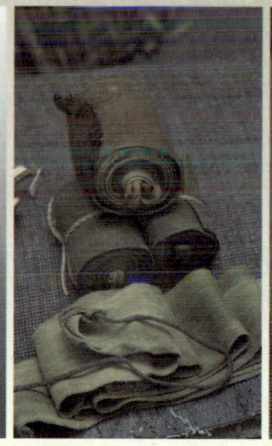
腿绑

油壶

快当签子：取鹿角顺直的一段，削磨熏制成六寸长的签子，用来挖参。鹿角坚硬光滑，不易划伤人参。

快当斧子：短柄手斧，抬参时，用于砍断棒槌周围较粗的树棵子。

快当铲子：抬参时，用于把人参周围的落叶和土层仔细铲去。

快当剪子：抬参时，需要用快当剪子把人参周围的细树根和草根剪断。

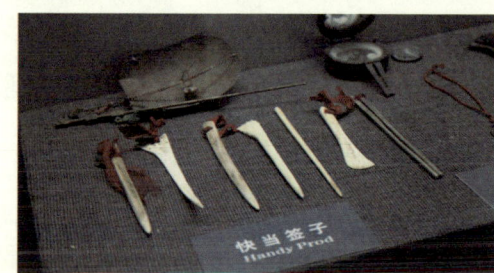
快当签子

小背筐、木把据

铜吊锅、小米

木勺、木瓢

快当刀子：挖参时，碰到草根、细树根就用快当刀子割断，免得弄坏了参须。

快当锯：人参往往和树根草根缠绕在一起，树根有弹性，粗树根不能用斧子砍，防止震坏人参，要用"快当锯"锯断人参周边的树根。

银筷子：野菜、蘑菇等做熟后，吃前用银筷子试其有没有毒。

有的在放山工具前面有"快当"二字，是表示吉利、顺利的意思。

蓑衣

乌拉鞋

各村镇的老把头节盛况

棒槌姑娘的传说

自人参的神奇功效被发现以来，关于人参的传说也是不胜枚举。在长白山一带就流传着这样一个故事。

这可是早先年的事儿，有多少年了谁也说不清。那时候，抚松县还叫"甸子街"呢！一到桃花水下来的时候，水手们就把砍伐下来的木头串成大木排，顺着松花江向船厂放。半路上有个笔直的石砬子立在江边。要是晴天，水手经过这儿，就能在水里看见砬子上有个俊俏的姑娘站着，身穿绿裤褂，头上插着朵海棠花，红得耀眼，要是抬头往砬子上看，除了树林子什么也没有。水手们都说这是山上的棒槌姑娘恋凡。

日久天长，这事叫东霸江知道了。东霸江是"甸子街"上的一个富豪，雇了不少水手，叫把头刁七领着给他放排。他一听有这么一个好姑娘，馋得嘴里咽唾沫，心里盘算歪道道，好容易盼到放排的时候，就跟把头刁七和水手们出门了。到砬子底下，东霸江在水里真的看见了那个姑娘，模样俊得就别提了！东霸江大嘴一咧，得意忘形地说："你让我碰上了，就别想跑了，也就是咱有福的人才配，穷小子们还干瞅着呢！"

东霸江转身吆喝水手把木排靠岸。一靠岸，就叫水手上山。爬这么陡的山，夫子奴伤天害理的事儿谁也不愿意干。东霸江见水手们不动，没法儿，就心疼地喊："谁要抓住棒槌姑娘，赏10两银子！"喊了一阵子，没有一个人吱声，光听江水哗哗啦啦地流着。东霸江急了，又喊："30两！"大伙还是一个不动。东霸江又气又急，脸都变了色，叫刁七挨个打着问："去不去？去不去？"

有个好水手，叫水生，是个热心肠的硬汉子，看着刁七打别人，比打自己还难受，心里寻思，我去吧，告诉棒槌姑娘可别在这儿待了，要不，非得让东霸江祸害了不可，自己死活没有啥，别让大伙遭罪。想到这儿，就冲东霸江喊："住手！把人都放了，我去！"说完头也不回地朝砬子顶爬去。砬子是立陡的，像鱼脊梁一样，又光又滑。好容易爬了大半截，脚下一滑，就从山上滚了下来。滚到半山腰，让一棵树挂住了，不知过了多长时间才苏醒过来，浑身上下流着血，又朝山上爬，嘴里还叨念着："棒槌姑娘躲躲吧……"

爬到了山顶，水生看见棒槌了，刚说了一句"棒槌姑娘躲躲吧……"就昏过去了。

等他再睁开眼,眼前的棒槌没了,有个姑娘坐在他的身旁。水生一端详,和水里见到的那个姑娘一模一样,可比在水里看见的更清楚了:圆脸盘儿,梳着一根油黑的大辫子,绿色的裤褂,头上一朵红海棠花,把脸都照红了。水里的姑娘总是闭着眼,眼前的姑娘可开口说话了:"我都知道了,你这个年轻人的心真好啊!你身上还疼吗?"说着就用手摸水生的伤。水生觉得她的手像棉花团一样又轻又软,手一过去,伤就好了。姑娘见水生发愣,就说:"我能把好人治活,也能把坏人治死。"说着就朝山下看去。

东霸江在砬子下边等水生,左等不来,右等不来,水手们都走了,自己又不敢上,就叫刁七往上爬。刁七不敢不去,腿肚子哆嗦得像筛糠,刚到半山腰,身子一晃,就滚到江里淹死了。

东霸江坐在河滩上干喘气,盯着石砬子发愣,冷不丁看见水生和姑娘在石砬子上栽棒槌,栽了山尖栽山坡,慢慢栽到山根下。东霸江跳起来扑上去,伸手一抓离姑娘和水生还差数丈远。东霸江又扑过去,嘴里的涎水流出一尺多

密林深处的林下参

长，叫风吹得直飘悠。眼看着能够到了，一抓，还差数丈远，东霸江恨不得把姑娘吞下去。追追，抓抓，追上了大半截山，一看，姑娘和水生没有了，再一找，姑娘和水生在山砬子并排站着说话呢！

东霸江朝上看，还有老高立陡的石砬子没法爬；往下一看江水像根线儿似的，别的什么也看不清楚，吓得他浑身直冒冷汗，头发昏，眼发花，身子软，腿发麻。姑娘对水生说："叫他下去吧。"她用手一指东霸江，东霸江站不住脚，身子软，从山腰骨碌下去了。磕磕碰碰的，跌得破头烂额，滚到大江里去了。

打这以后，水手们放排经过这儿，再看石砬子的倒影，可不是姑娘一个人了，是她和水生两个人并排站在一块儿。

自那以后，棒槌姑娘和水生拿出他们栽的棒槌救济水手和穷人。当地人受了恩惠，对人参更是充满了景仰之情。

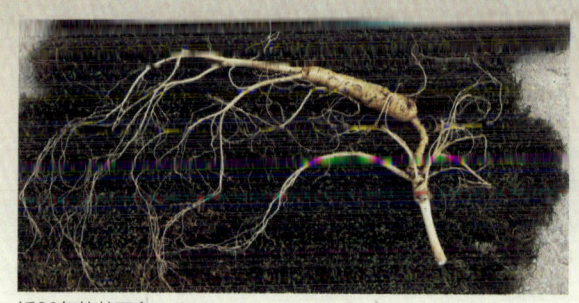

近30年的林下参

如今把头有传奇

参行美少妇 山参传承人

　　在寻访中我了解到,放山是一件十分艰苦的活动,对放山人的体力、眼力、胆力、耐力都有非常高的要求。在历辈的放山人中,鲜有女性从事这项活动。在2014年的抚松之行,我非常幸运地结识了一位不让须眉的巾帼——徐桂丽女士。她传承了老一辈放山的本事,为长白山的野山参事业奉献一份力量。

　　2014年4月19日下午4时,连续跑了两个人参种植基地考察后回到万良镇,来到一座青砖灰瓦的三层仿古建筑前,"长白山野山参博物馆"牌匾悬挂正中,敢叫长白山野山参博物馆?看情形来头儿不小。

　　在宽敞明亮的博物馆大厅内,迎接我们的是号称野山参传承人的徐桂丽,一位42岁的女士。

据徐桂丽说，她已经有22年的种参经历了，抚松人生下来就和人参打交道，长大后也一定都成为人参人。

徐桂丽姥爷是当地很有名的放山老把头，一辈子在山里转积累了丰富的放山经验。后来，姥爷把很多放山、看货的绝活儿传给了母亲，如今，她又从母亲那里继承下来，已经是第三辈专做野山参的了。

难怪，敢挂"长白山野山参博物馆"者，绝非等闲之辈！

说到她这一辈对野山参的贡献，徐桂丽也很自豪。以往野山参的商品形式就是用细线一拴，很简单。更多地注重野山参的药用价值，却忽略了野山参的美。尤其她在整理鲜野山参时，看到野山参优雅飘逸的体态，便想能不能既不有损野山参的药用价值，还能把野山参的美体现出来，于是，就把野山参在地里生长的自然形态装订在红绒布上，这样，不但能够拥有野山参，同时还能欣赏到野山参的美了。现

野山参传承人徐桂丽

密林深处有人参

在市场上的野山参基本都是以这种形式出现的。

说到小时候跟姥爷去放山,徐桂丽眼里立时放出光芒。

姥爷放山时,按照去单回双的老规矩,每次放山最少3个人,戳单帮(一个人去放山)的时候很少,也有5个人或7个人一起去放山的时候。

每次放山最少是3天,最多一次是7天。一般都是带5天的口粮,山里潮气大,带太多粮食也没用,超过7天弄不好就发霉了。主食是大煎饼,还有咸鸭蛋,可好吃了。

姥爷带着大伙儿,开眼儿(开眼儿:找到野山参)后,觉得够用就满足了,绝不能贪。虽说在长白山深山老林里发现一苗野山参不容易,但放山人都严格遵守抬大留小的规矩,太小的野山参是不能抬的,得给后人留着。姥爷是位有着丰富放山经验的老把头,每次放山都有收获。

她十一二岁的时候,打扮成男孩子的样子缠着姥爷去放山,前后去过10多次。姥爷是位有着丰富放山经验的老把头,每次放山都有收获。

有一次,大人们用绳子把她绑在腰上过山,一不小心把她掉沟里了,她在沟里哭着往上爬的时候,意外地发现3棵野山参,当时她带着哭腔喊"棒槌"的时候,大人们还以为她调皮,下沟里来拉她,看到真的是3棵野山参。抬出来最大的一棵有30克重,还有两棵15克重,那是记忆最深刻的一次放山经历,令她终生难忘。

我问她，允许女人放山吗？

徐桂丽说，不是说不允许女人放山，传说中有很多都是女人发现大货的。有时候女人上山割猪草时也有可能发现"棒槌"呀，能不抬吗？主要是女人搽雪花膏，野山参非常娇贵，碰到一丁点儿雪花膏呀的化妆品就会腐烂。再说了，也招蚊子小咬儿，山里蚊虫特别多。

那年月也没冰箱保鲜，放山回来，把用青苔包好的野山参放进地窖里，搁上个三五天就必须出货了。

根据经验，从野山参叶子的状态上，其实是能判断出参龄大小的。凡是叶子长得油绿，很精神，往往下面的参并不大；而叶子显得微黄，感觉不太精神，却往往是大货。

她在这些年与野山参打交道的过程中，看到的货不少，其中以五品叶为多，九品叶听说但没见过。再说，也不一定品叶多就一定是大货，她就收到过七品叶的货，

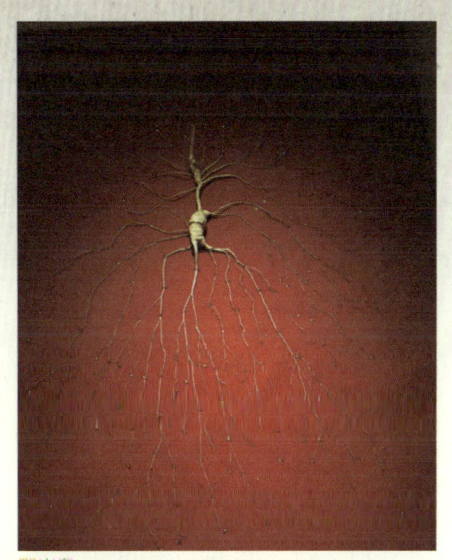

野山参

长白山脚下的植物

并不是很大。毕竟是七品叶很少见的货，就把叶子晒干打成粉，自己冲服了。

难怪她看起来很年轻，是不是与常吃人参有关哪！

在跟随姥爷放山的过程中，也是会碰到危险的，经常能听到狼的叫声，很瘆人，也远远地看到过。蛇是经常看到的，山里人都不怕蛇，认为蛇是护法，是钱串子。她看到过的最大的是手腕粗的乌蛇，这种蛇无毒，她还敢摸。她说在一家工厂的变压器下，就有一窝蛇，每年都有三四十条小蛇出生。

说到如何判断野山参的参龄，徐桂丽说，有些放山人，曾经抬过上百年的老山参，可是自己却判断不出来，很可惜。判断野山参主要还是要从芦、艼、体、须、纹、长势、密度等方面来判断。老山参须多清秀飘逸，有灵气。再就是珍珠疙瘩，珍珠疙瘩是须子退化形成的，有的在疙瘩上还能长须，也就是所说的毛须儿，这与野山参生长地的土质有很大关系。如果野山参生长地的土质坚硬，珍珠疙瘩就多。

1997年，她曾收过一苗参龄在150年以上的老山参。记得当时有两个放山人来卖参，很多收参的人都嫌卖相不好，出价都很低，最多有出到6000元的。当他们来到我这里时，已经很失望了，抱着试试看的心态过来碰碰运气。徐桂丽看到后也觉得这苗参卖相不太好，但是根据多年来的经验判断，这是苗老山参，决定出价7000元，结果这苗参最后卖到35000元，她又多给放山人5000元。放山人皆感其诚，每年放山有货都送到这儿来，大家早就成为非常要好的朋友了。

徐桂丽开玩笑说，这苗老山参如果放到今天，恐怕135万元都不卖了。

关于籽货和移山参，徐桂丽是这么认为的：

籽货，就是在山中林下腐殖土上扎孔，种在坑里就不挪窝了，这样的籽货到年头儿了成色比较好。参龄超过20年的林下参，与野山参本质无异。

移山参，把参园的参移到山上长几年再移回参园中继续生长，几年后再移栽到山上，如此反复。也有把林下参移到参园中生长几年再移到山上继续生长的。这样人参吸收了一四块土地里的营养，长得就大，内含也丰富，这样的移山参也是不可多得的人参佳品。

如此看来，野山参传承人还真是名不虚传，有点儿道行的！

大趴货参

涉水寻参

万良朝阳村 当回放山人

俗话说：朋友多了好办事。在万良镇考察期间，为了让我真实地体验放山生活，万良镇里特意安排朝阳村的几位有放山经验的人带我进山。跟随老把头进山，亲自参与放山活动，感受放山人的辛苦与快乐，我也当了一回放山人，真是不虚此行啊。

2014年8月1日，晴。

上午9点整，在万良镇朝阳村书记管恩友的陪同下，我们前往朝阳村一个很偏僻的山凹。那里住着一位叫牛庆龙的人，听说他祖父辈就是这一带有名的放山老把头。只是通往那里的土路不但太难走了，而且还要经过一条小河。村里正在修路，桥刚修出模样，还不能通行，只好顺着河床涉水强行通过。由于前几天我们在集安新开河人参基地考察时，进山涉水刚刚被磕掉越野车的前保

险杠,此时还心有余悸,如今又要涉水而行,并且还是在流水的河床里,我的心一下子提到了嗓子眼儿。好在河床很踏实,总算有惊无险地到达了河的对岸。

车是不能再往前开了,只好留下司机小林守候,全体人员徒步走进小山凹里那户孤零零的人家。进院才知道,几位放山人已经等候多时。感谢万良镇朝阳村的朋友们。

按照放山的规矩,先得大家在一起开个会,商量一下进山的事情,这在放山的规矩中叫"拉帮",也就是几位志同道合的人拉帮结伙去放山。拉帮也有很多讲究，首先人品得好，乐于助人，按现在的话说要有团队精神。

放山讲究"去单回双"，双数吉利，放山人把在山里挖到的人参当人看，去"单数"比如说一、三、五、七、九……一个人放山叫戳单儿。挖到野山参就是"回双"，这也是寄托着放山人美好的愿望。所以，我们今天共5个人去放山：牛庆龙、李忠诚、徐洪全、张成龙、徐凤龙。

放山的专用器具物品等，把头牛庆龙早已准备好了。比如：索宝棍、快当签子、棒槌锁、快当斧子、快当锯、快当剪子、快当铲子等。我们此行主要

进山

焚纸拜山

是简单地再现放山的过程，不能在山里住，而真正放山当天是回不来的，十天半个月才可能下山，所以还得带着狍子皮，人睡在上面隔潮、保暖。携带轻便的吊锅、碗、瓢等简单炊具餐具、火石、火绒。放山人的主食是小米，耐潮、营养高，好做易熟，或者是山东大煎饼长时间不坏。还得搭地㫰子（窝棚）住人，用木杆支架苦树皮防雨，里面铺上草和狍子皮，作为放山人临时的家。晚

间要在窝棚前点火堆,火堆能够驱赶蚊虫,防止野兽,去潮气暖身和为迷路的人指引方向。烧的柴火要顺着摆放,取顺利之意,由把头点火以示尊重,放山人每天从这里出发去不同的山林。

我们今天的放山活动省去了一些环节。

准备停当之后,把头牛庆龙一声令下,大家背起行装向山里进发。因为牛庆龙祖辈都是有名的放山老把头,他知道哪个山场子有货,之所以住在这山门里守着,一定是有原因的,所以镇里才安排由他担任今天放山的把头。

拜山

排棍压山

进山第一件事是祭拜山神老把头。当地如果有把头庙就要去庙里,也可以用3块石头搭成老爷府(山神老把头庙),还可以在一棵最大的树前烧纸上香祭拜。这里没有合适的石头搭老爷府,就在一棵大树前,众人把手中的索宝棍戳靠在大树干上,垂手而立。把头牛庆龙从背包里取出带来的烧纸点燃(此时不是防火期),口中念念有词:山神老把头,您老人家保佑我们进山平安顺利,开眼儿,拿到大棒槌,拿到大货,我们下山时,蒸馒头买猪头来答谢您。

李思诚也及时点燃三炷香供上，然后大家依次虔诚地磕头。

牛庆龙说：围着把头转吃饱饭，爷爷的爷爷都在这片山场子拿过大棒槌，山上还有老埯子。长白山野山参资源几尽枯竭，但常放山的人在放山的过程中，秉承抬大留小的祖训，在老参埯子周边，还是能够找到野山参的。其中有些是放山人已经发现了，但感觉稍小或行情不理想而故意做好记号不抬，所以跟着有经验的放山人还是能够拿到货的，于是大家依次跟着把头进山。

首先由把头看山场子，行话叫"观山景"，即通过山体的坡向、树种来判断，坡向以东南坡为多，西北坡少见，树种以针阔叶混交林也就是椴松树混交林为好。观好"山景"后，大家开始压山。压山又称开山、巡山、压趟子、撒目草。也就是手持索宝棍拨拉草丛搜寻野山参。

压山时，帮伙人员要分工，叫"排棍儿"。把头为头棍儿，中间的人称腰棍儿，排在最外边的称边棍儿，边棍一般由二把头担任。人与人之间的距离，以手持索宝棍能搭头为准。压山时头棍儿和边棍儿边走边"打拐子"。

我们的排棍顺序是：

把头：牛庆龙→腰棍：徐凤龙、李忠诚、张成龙→边棍：徐洪全

第一次跟着去放山的人叫"初把"，一般"初把"都是在腰棍的位置上，所以，我的位置紧挨着把头牛庆龙。

先扫封底二维码
下载专用软件
鼎e鼎扫码看视频
凤龙放山万良镇（一）

拿火

排棍压山的时候,谁也不许乱讲话,按放山的规矩你说什么就得背什么,直到"开眼儿"——挖到人参为止。这可能是提醒放山人要聚精会神地仔细寻找,如果因为说话分神而把人参遗漏了、看花眼了那都是不可饶恕的。所以,我们每个人都集中精神仔细搜寻。我是第一次跟人来放山,山坡林木下,杂草丛生,初次进山,也分不清那些杂草以及深藏其中的野山参,好在有前面多次考察园参和林下参的经验,心想,如果真的有幸碰到野山参,一定能把它认出来。

就这样，从一个山坡压到另一个山坡，突然听到把头在叫棍，也就是敲打树干。这其中的门道我也知道，把头敲一下，大家分别跟一声，这是在清点人数；把头敲两下，意思就是暂停，也叫"拿火"，人们长时间很集中精力地在大山中搜寻野山参，不但身体疲劳，眼睛也疲劳，容易看花眼，中间休息休息抽根烟，以便在接下来的放山过程中能够保持体力和精力，更好地发现野山参；把头敲三下，就是今天放山结束，下山回戗子。

听到把头牛庆龙敲两下树干暂停的指令，大家都停下围拢在了把头周围。坐下休息的时候也有讲究，不能坐树墩子上，那是老把头的饭桌，坐树墩子上休息是对老把头不敬，放山不开眼儿。众人就折了一些树枝子坐下休息。

这几位放山人都抽烟，而我从来就不抽烟。实际上，放山的人一定要带足烟，因为在山里会出现很多突发情况，比如蚊虫、毒蛇等，抽烟的人身上有股烟味，有些蚊虫毒蛇等嗅到烟味儿就避开了。而看到蛇又是好事，蛇是"钱串子"，预示着即将挖到大人参。实际上，此时已经到了人参红榔头市的季节，红红的人参果可能吸引小鸟来啄，而蛇正好趁机埋伏在人参旁捕捉小鸟，所以，在放山中有很多大蛇守护人参的传说。

拿火时，牛庆龙说，刚才压过的这片山场子还是应该有货，他记得这里有老参埯子（曾经抬过人参的地方），按照山里抬大留小的规矩，起过大货的老参埯子周边还是可能有棒槌，经过商量，决定拿火之后翻趟子，也就是向回压山，没在这片山场子找到货不死心。

休息片刻，众人起身继续翻趟子压山。大家起身的同时，都把屁股下坐着

的树枝子翻过来，口中念叨着："临走掀掀屁股垫，前面看一片儿（片儿：一块发现五苗以上的六品叶野山参）。"

在放山的所有过程中，时刻都有讲究，所有讲究都寄托着放山人美好的愿望。

我磕磕绊绊地跟在把头旁边，用索宝棍努力地在草丛中搜寻，心中企盼着能最先发现人参，同时也暗暗告诫自己，如果真的先开眼儿看到了人参，一定要瞅准了才能"喊山"，否则看不准喊"诈山"了，那是不吉利的，弄不好还会被把头给撵回去。就在我全神贯注地在灌木下、草丛中拨拉的时候，突然听到把头大喊一声"棒槌"，众人一激灵，同声道"什么货"，"大四品叶。"众人嘴里纷纷喊着"快当快当"，赶紧聚拢过来。

原来，这又是放山的一个程序，也是放山人最激动人心的一刻。

喊山、接山、应山、贺山。

所谓"喊山"，就是在放山的过程中，无论谁先发现人参，都会大喊"棒槌"；听到喊山，众人会很本能地问一句"什么货"，也就是询问一下棒槌的大小，这就是"接山"；喊山的人仔细辨认后，会告诉大家发现的人参大小，这是"应山"；众人听到人参的大小，会同时说"快当快当"，是"贺山"。"快当"是满语"霍勒汤"的发音，意思是"顺利"，放山找到了人参，当然顺利了。

第一次在长白山里发现山参，我激动地用双手紧紧握住人参茎，生怕人参变

发现野山参

作者手握野山参怕它变成人参娃跑掉

开始抬参

成人参娃娃跑掉。

仔细观察，这确是一棵四品叶人参，果子已经成熟了，很饱满。这就是大自然的法则，八月初，正是山花凋落孕实的季节，野花已经很少了，如果没有这耀眼的红榔头，是很难在这万绿丛中寻到这一点红的。

把头牛庆龙从背包里掏出用红布包着的抬参工具，拿出"棒槌锁"将人参"锁住"。所谓"棒槌锁"就是用一根1米多长的红线绳，两头各拴一枚铜钱，铜钱是不能用带"道光""光绪"字样的，"光"就是没有的意思，不吉利。锁的时候，在树上折两根带叉的小树枝，丫朝上插在人参的两侧，将"棒槌锁"上的红线绳缠绕在人参茎上，再把铜钱挂在两端，这样，人参就

"跑"不掉了。

其实，人参是不会变成人参娃娃跑掉的，可能是在万绿丛中千辛万苦寻得的人参被放山人不小心碰掉了地上标志，如红头绳等，与绿色植物混在一起而找不到了，于是就有人参变成娃娃跑掉的传说。不管怎么说，看到把头用"棒槌锁"锁住了人参，心里踏实了很多，证明自己为屋，放风炬来没错。

今天的主抬参手是徐洪全，此人心很细，有很丰富的放山经验。

山里蚊虫比较多，为防止徐洪全聚精会神抬参时因蚊虫叮咬而下意识抬手驱蚊虫伤到人参，从现在开始，所有人都围绕他做着各自的辅助工作。

牛庆龙折来一段树枝，站在身后轰蚊子；张成龙在前面点燃一小堆干树枝，燃烧起来后在上面盖上青草，冒出浓烟驱蚊虫。

熏烟驱蚊虫

剥桦树皮

李忠诚负责剥桦树皮,一会儿用来打参包子。打参包子用的树皮也是有讲究的,桦树有外皮和内皮,外皮被剥掉后因有内皮保护而不会死掉,其他树种剥了皮可能就死了。人怕打脸,树怕剥皮嘛!

在5个放山人当中,只有我是初把,所以也只有看的份儿。可咱也不能闲着不是,于是赶紧拿出仪器进行精心测量并做好记录。

用GPS定位仪测量万良镇朝阳村野山参位置:

海拔606米,北纬42°25′39.9″,东经127°12′00.9″,当时温度27.4℃,相对湿度79%。

要说抬参,这可不是谁都干得来的活儿,那得绝对用心才行。徐洪全趴在地上聚精会神地用快当剪子剪去棒槌周边的杂草,然后就用快当签子一点一点地拨一会儿吹一口,拨一会儿吹一口,如果换成是我,可能早就

细心抬参

露出真容

吹晕了头。

拨开棒槌根部的土层,发现周围有很多杂草的根须与棒槌搅在一起,稍有不慎,就有可能伤到棒槌的根须。真正的抬参高手,哪怕是发丝那么细的须都是不能伤到的,须一断就"跑浆"了,棒槌的成色就会打折扣。在抬参的过程中,我本能地伸手想帮忙拔一下棒槌旁边的杂草根,马上被徐洪全制止,原来在芦头下面有一条细如发丝的根须就生长在那里,吓得我吐了吐舌头,再也不敢"帮忙"了。

经过半个多小时的拨吹、拨吹,棒槌的芦头已经露出来了,同时还能看到棒槌根部身体的一部分。经验丰富的放山人一看,就知道此参品质不错。

把头牛庆龙说,这个体形俗称"跨杆",是山参中的极品形态。你看,这苗参颜色金黄,横纹清晰细

剥茧抽丝抬山参

山参露真容

密，横跨生长状态，这就是所说的"锦皮细纹过梁体"，看来我们今天挖到宝了。

随着棒槌一点点地露出地面，徐洪全决定剪掉人参地上茎叶部分，不然，再向下挖，棒槌的果、叶重量可能会使茎弯曲，保不准会影响到下部的小根须。我接过被剪掉的棒槌的地上部分，如宝贝一样拿在手中，时刻不肯离手。

时间已经过去了一个多小时，棒槌也只是露出来一小部分，如果还是按照传统方法抬参，可能今天就抬不出来了。据说在过去年代里，放山时如果碰到老山参，抬参也可能都得用一两天的时间。此时早已过了中午时分，把头决定用"暴力"方法抬参，所说的暴力方法，就是以棒槌为中心，以0.8米为半径，用快当斧子向下斩断所有杂根，然后慢慢地把杂根及里面的棒槌一起抬出来。当然了，用这种"暴力"抬参方法是有很大风险的，极有可能碰断其中的哪条根须，那损失可就大了，今天用这种方法也是无奈之举，我心中只有默默地祷告。

等抖掉一部分残土之后，看到人参就藏在这些盘根错节的杂根之中，不敢想象，这棵人参几十年间就是这样顽强地与这些杂根争着营养，足可见它的生命力是多么顽强啊！

徐洪全的手指在刚刚用快当斧子砍杂根的过程中也不小心碰出血了，但他还是如剥茧抽丝般细心地剥离着每根杂草根。在张成龙的配合下，用剪刀一点点剪去杂根，这得有丰富的放山经验才能在错综复杂中分辨出哪条是杂草根，哪条是人参须，稍有不慎就有可能剪断根须，其复杂程度，比外科手术有过之

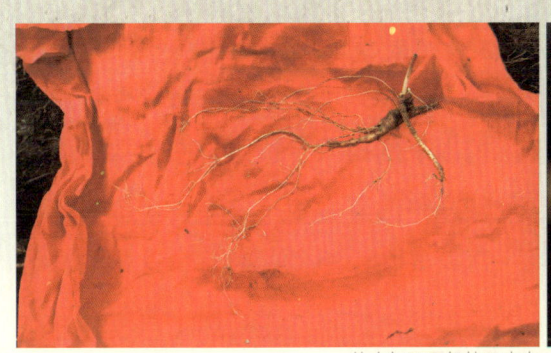

休态如飞天般的野山参

打参包子

而无不及。此时，我只有看的份儿，已经完全不敢伸手乱碰。时间一点点地过去了，野山参的根、须也逐渐地显露出来，从须上的珍珠疙瘩已经初步断定此参年龄至少30多年。

从发现到整棵棒槌出土，用了两个多小时，一棵毫发无损、体态修长、根须飘逸得像飞人一样并且透出一股仙灵之气的野山参呈现在我们面前。

这是上天的恩赐，也是我们所有放山人的造化。

这棵野山参大约三四钱（15～20克）重，虽然跨杆一侧有条腿在地下被虫子吃掉了，但丝毫不影响此山参的品质。

接下来就是打参包子。徐洪全用两张桦树皮横竖排列，以相互抵消桦树皮卷曲的张力，先铺上一层叫"野鸡膀子"的植物，再铺一层苔藓，将这棵珍贵的野山参小心地

先扫封底二维码
下载专用软件
鼎e鼎扫码看视频
凤龙放山万良镇（二）

打参包子

放入其中，人参上面盖上苔藓，再盖一层"野鸡膀子"，然后合拢桦树皮，用挖出来的树根须横竖打两道要子，这就是完整的打参包子。据说，过去放山一帮人要在山里住些时日，这样的参包子能长时间保存人参，由于苔藓含有水分，包参时再撒上参埯子中的原土，可以十天八天或更长时间保护人参不变质、不变形。

本来我以为放山到此结束了，徐洪全说，还得"插花"。插花，就是在抬出人参的地方，插上树枝，柳树枝最好，插柳成荫，未来这里可能会长出一些小柳树来，后人放山再走到这里时，发现这里有小柳树就会想到是不是有老埯子，其实是在为后人指路的。插上树枝后，徐洪全又叨咕一句"插上花，拿她妈"，也就是期盼着接下来还能挖到更大的"棒槌"。

放山时有"抬大留小"的规矩，

不能做绝户事,把大参抬走后,还要把参籽种在老掩子周围,才能使长白山区的野生人参生生不息,永远为人类造福。这棵人参共有9粒种子,据说每粒种子里面有两颗参籽,9粒种子就是18颗参籽,真心希望未来在这里能够再生长出人参,那样,我们的后代就又能享受到大自然的厚爱了。

种完参籽后,就是"砍兆头"了。所谓砍兆头,就是在树干上砍掉一块树皮,左上角砍几道痕,代表放山人数,右下角砍几道代表在此抬出的参是几品叶,其实也是在为后人指路的。徐洪全说,如果是砍在松树干上,还得烤脸,就是做好记号后用火把兆头的位置烤一烤,以免多少年以后松油把兆头盖住,那样就看不清了。后人再有幸找到这里,想看清楚当年几个人在这儿挖到几品叶的人参,就得给兆

收获山参

插花

抬大留小、种子留下

头浇掉，也就是用火烤，去掉松油，直到看清楚为止。今天省事了，我们的兆头不是砍在松树下上。

实事求是地讲，经过这么多年的过度开发，在长白山区找到纯正的野山参已经实属不易了，这棵野山参是牛庆龙多年前放山时发现的一棵小参，偷偷地守望了30来年。今天为了向诸位展示放山的全过程，特意到这个山场子把这棵野山参抬了出来。过去长白山区有很多职业放山人，一切活动都严格地按照放山的规矩进行。现如今，由于长白山野生人参资源太少，放山的人也越来越少，相对地有些规矩也不那么规范了，好在牛庆龙的祖父辈都是有名的放山老把头，还基本秉承了放山的规矩。今天，我们严格按照放山的规矩把这棵野山参抬了出来，也是我此行长白山寻参活动中最大的收获。

今天，我们也是象征性地演示了一下放山的基本程序。而真正意义上的放山，

砍兆头

还有很多说道，比如说，进山后就要搭地戗子，这是放山人的大本营。搭地戗子，就是搭马架子，外苫树皮，内铺乌拉草，门前挂个吊锅，有专门守家做饭的叫"端锅"。睡觉时要头里脚外，主要是防野兽。再有就是晚上要在戗子门前架火堆，目的是防野兽、驱蚊虫、防潮防寒，还可能为麻达山的人指条活路。柴火堆在火堆旁要顺着戗子摆放，有句话说得好："柴火摆顺当，放山就快当"，还有就是绝对不能用火堆里的柴火点烟、烧东西，更不能往火堆里撒尿。

这里所说的"麻达山"就是在山里转向了。麻达山时，首先要看大树根部

老把头祠

苔藓辨别方向；看河流方向，顺着河流方向能走到山外；听动物的鸣叫，比如老鸹的叫声，老鸹往往在有人居住的地方做巢；寻找拐子也是辨别方向的好办法。总之，麻达山是很危险的，经常有麻达山的人走不出大山送命的。

离饳子下山有这么几种情况，挖到许多人参，够本了；多天不开眼儿，粮食不够吃了；多天不开眼儿，开眼儿是棵"四品叶"；喊诈山，喊错了。无论哪种情况，离饳子时一定要留一部分食物、食盐、火柴等生活必需品，一为留给其他帮伙用，二为一旦有麻达山的人遇到饳子就有救了。

最后，放山回来后还要还愿，许啥愿还啥愿，不能许愿不还。一般是带着猪头、馒头、菜肴、香、烧纸、鞭炮。由把头手指蘸酒点三下，一向天敬天神，二向地敬地神，三向山祭山神老把头。然后，众人吃完供品，仪式结束。

在朝阳村放山第二天，我还专程去位于抚松县城北郊的老把头祠祭拜。

老把头祠

放山拿到货 还愿把头祠

2014年8月2日上午8点整,我们从万良镇出发,半个小时后,来到位于抚松县城北山的老把头祠。

昨天在朝阳村山里拿到了一棵四品叶野山参,今天特意到老把头祠来还愿。按照放山人的规矩,许啥愿还啥愿,当初我就想放山回来后到老把头祠来祭拜,以便了解一下这里的自然情况。

今天虽然天气炎热,但我们还是义无反顾地怀着一颗崇敬之心叩开山门。

老把头祠就建在抚松县城风景如画的后山上,远望庄严肃穆,近看雕梁画栋。

走进山门,又穿过几重院落,眼前豁然开朗,这里面真是别有洞天,涓涓

老把头祠前院

清泉流进一潭碧水,鱼儿在水中自由自在地游来游去,几位悠闲的老人就坐在潭水边聊天。依栏远望,亭台楼阁掩映在群山之中,在潺潺溪水间拾阶而上,过石拱桥,攀藤萝台阶,踏山间小径,此时真正悟到了"曲径通幽处,禅房花木深"的意境。

当看到那些寄托着今人无限希望的红布条缠满了树枝树干,就能感受到老把头在当地人们心目中的位置,同时我也知道,老把头祠到了。

据祠内一位女居士讲,此祠一直没有主人,显得很破败,油漆已经起皮褪色。好在去年来了一位住持,带着一

先扫封底二维码
下载专用软件
鼎e鼎扫码看视频
放山还愿把头祠

老把头祠的居士

通向老把头祠的林间小道　　　　　　敬献一炷高香

　　位俗门弟子，师徒二人历时一年，漆廊画栋，才有今天我们看到的模样。每年政府在三月初六这一天在此举办祭拜老把头的仪式，延续着长白山人参文化的血脉。她也是来尽义务的，家住得不远，只要有时间就上山帮忙打理接待。从这位女居士平静的表情上，你能读懂一颗善良的心和对山神老把头发自肺腑的崇敬。

　　我虔诚地跪倒在老把头的塑像前三叩首，虔诚地点燃一炷高香敬天地、敬四方、敬先祖！

作者采访放山人牛庆龙、李忠诚

万良朝阳村 采访放山人

时隔一个月，2014年9月5日下午，我再次来到万良镇朝阳村那个小山凹，找到了我们一起放山的把头牛庆龙。碰巧，另一位放山人李忠诚也在这儿，原来，牛庆龙和李忠诚是亲戚。

老朋友见面格外热情，况且我们还是一起放过山同一帮伙的，这要是在过去那个年代，都称得上是生死之交。

作者采访把头牛庆龙

作者采访朝阳村书记管恩友

我们的谈话就在牛庆龙家小院儿里开始了。

牛庆龙说，这里归朝阳村三组管辖，平常来的人很少，自己在这儿住习惯了，也不觉得有啥寂寞不寂寞，日子每天都是这么过的。住在这儿，主要原因是在后山上自己还有十几亩林下参，附近还有十几亩耕地，不图啥大富大贵，年吃年用没问题，生活挺满足的。

当年选这片山场了种林下参，主要是他的爷爷、爸爸一直生活在这里，知道这片山场里有野山参，所以就一直在这儿守着。

爷爷当年是远近闻名的老把头，看得准，有经验，并且是经常一个人进入长白山腹地放独山，也就是所说的"戳单帮"，每次放山都有收获，没有白去的时候，拿到过好几两重的大货。

他祖籍也是山东人，是爷爷那辈从山东搬来抚松的。爸爸牛延清，74岁那年去世了，牛庆龙在家是最小的儿子，所以很得爸爸的宠爱。牛延清小时候在

当地一广大地主家扛活,地主进山时,在长白山腹地一个水草肥美的叫大甸子的地方,看到一个放山人遗弃的地戗子,就在地戗子附近,有一片棒槌,根据放山人抬大留小的习俗,可能是当年的放山人栽下了他们认为还小的野山参或者是抬到大参后又种下去的种子。如今已经长成一片野山参了。

牛延清那时候还小,也懂事并且听话,地主有时就领着他去抬参杆。有一天,地主突然得急病去世了,地主家的后人也只是听说牛延清在山里发现一片野山参,但谁也没去过,根本就找不到地方。后来,还是牛延清领着地主的家人进山找到了那个废弃的地戗子,奇怪的是,那片棒槌却不见了,并且在原来有棒槌的地方根本就看不到有人挖过的痕迹。经过仔细搜寻,在地戗子靠墙根的地方又找到了几棵人参,抬出来后,卖俩好钱儿。

这件事也就成了谁也说不清楚的谜。

牛延清不但是方圆几十里远近闻名的放山把头,也是一名出色的猎户,

炮儿老准了。这里山高林密，野兽很多，用土枪（俗称洋炮）打到过黑瞎子、野猪、狍子、野鸡、兔子、飞龙等，小时候的牛庆龙经常能吃到各种各样的野味。由于常年在山里转，牛延清还能辨识很多种草药，时间长了，乡里乡亲有个头疼脑热的，他还能给看病。

牛庆龙说，在他十八九岁的时候，有一次村里的丁福祥、小哥龚喜录、五姐夫郭升华几个人相约到抚松大北山挖棒槌。和很多放山人一样，他们也买了烧纸准备祭拜山神老把头。记得在路上还碰到个刺猬，人家都说看到"元宝"了。放山人把刺猬看成是元宝，也是寄托着发财的梦想。

当他们走过一条差不多也就两米多宽并且很荒凉的林间小道向大山里进发的路上，走在最后面的牛庆龙年龄最小，也最好奇，到处乱撒目，突然在路边的草丛中发现一棵四品叶棒槌。当时也没敢乱喊山，怕喊错了挨骂，蹲下又仔细地确认，真的是一棵四品叶野山参，心里挺高兴，用眼睛瞄一下前面几个人已经走挺远了，就大喊"棒槌"，前面的几个人以为他调皮，谁也不相信，没搭茬继续往前走。后来，他们几个看牛庆龙一直站在那里不动，回来一看，果然是一棵四品叶棒槌，大家才高兴地烧纸磕头，抬出来一看，足有20克多，在这条人来人往的小荒道边上能抬到野山参，谁都啧啧称奇。

现在可好，别说道边了，长白山里的野山参都快绝种了。牛庆龙说到这儿，眼望远处的群山，怅然若失！

坐在一旁的李忠诚接过话茬说，他小的时候，有一次他爷爷、牛庆龙的爸爸、于海峰、唐贵友一行4个人到太平沟给大队采贝母（长白山里的一种野生药材），不经意间看到一个片儿，有二十来棵四品叶以上的人参。采贝母是在春季，这个时候不适宜抬山参，便做好记号，秋天红榔头市的时候，大约白露前后吧，去几个人把这二十来棵参抬了出来，最大的野山参仅芦头就有8根了盘横排那么长，俗称"小节芦"，是爷爷亲自抬起的，他患有人胃节病（一种山里病），手指缝儿本来就大，你说这参有多大？听说大的有100多克重，那可都是宝贝，放在今天可值老银子了。当然了，抬出的野山参一定是要上交大队的，人们只是挣工分，那时候的人没有私心，不像现在的人，私心都太重了，吃一点亏都不干。

李忠诚说，他今年43岁了，小学是回到山东老家念的，十一二岁的时候才又回到抚松。年轻的时候也经常跟伙伴们去放山，2004年，有一次约了5个人先是骑着摩托车到松江河，把摩托车寄存在朋友家里，从那儿徒步上山，一口气走了8个多小时，到一个叫半截子河的地方，把头说那里有货。那次放山一共5天4宿，抬到5棵野山参，最大的一棵是四品叶，3钱（10克左右）多重。

2006年又去一趟，这次心气儿高了，以为一定能够拿到货，结果啥也没拿到。那次一共去7个人，把头徐广厚、李忠诚、徐洪全、张成龙、陈忠诚、佟成立、鲁守喜。每个人还背了10千克的水，因为山上没有水。目的地是东马鞍山，去那里必须经过一片风倒区形成的大草甸子。长白山是火山喷发形成的，地表积满火山灰，树根扎得不实，风大时，大树倒下砸小树，就一片一片地倒下了。最后形成一个大草甸子。倒下的大树很高、很大、很粗，有些大树干我们三个人都抱不过来。那天一直下着雨，遭老罪了，走了大半天，也没走出风

倒区，最后，把头徐广厚怕再往前走出现危险，不敢带大家往前走了，就在风倒区先搭个临时饿子安顿下来。

第一天，我们拔了饿子往林子里走了大半天，在一个山坡上看到三个非常大的泉眼汩汩地往出冒水，三股泉水冒出来后汇集成一条小河向下游流去。

把头徐广厚说，再往上走，山上就没有水了，都是地下暗河，只能听到流水的声音，但渴死也喝不到水，大甸子里倒是有水，但那是死水，是万万不能喝的，喝了会生病。"拿火"的时候，大家商量的结果感觉往前走还是太危险，不能要财不要命，最后还是决定往回走。

李忠诚说，他们和把头还同时看到一条小白蛇，白背花肚皮。把头说，这种小白蛇毒性很大，离它远点。

从泉眼往上又走了大半天，我们背的水就喝了一半儿了，天很热，出的汗也多，水消耗很快，再往上走万一找不到水可就麻烦了，是能渴死人的，没采到人参不甘心也没办法，只能往回走。往回走就不用费力背着水了，所以就把水都倒掉了，倒完就后悔了，结果又走了很长时间，翻过了几道山，走在前面的李忠诚突然说，这里有水。原来，这是野兽常来喝水的一个泉眼，在那我们还拣到一个4.3千克重的大马鹿角，有七八个叉儿。把头徐广厚说，这个鹿角掉了，另一个鹿角也不会太远，马鹿掉一个角后跑起来偏坠，一定想办法撞掉另一侧的角。但此时，我们已经无心再寻找那只马鹿角了，只想早点回家。我们拣到的这个大鹿角回来后卖了600块钱。

还有一次在山上住了两宿三天，一直在下雨，根本没开眼儿。后来碰到另外一个帮伙，他们挖到6棵棒槌，被我们花钱买回来了。

李忠诚在这些年与野山参打交道的过程中，收到最大的一棵棒槌30～35克重，太大的参已经很少了。他自家有2.6公顷耕地，另外还有三四百丈人参，日常也加工一些红参、生晒参等，小日子过得相当不错。

带我们来的朝阳村书记管恩友今年43岁，他说自己没正式去放过山，但有一年在一个叫红松林的地方无意中发现一棵20年生左右的四品叶，觉得很惊讶，请懂山参的人抬了出来。后来才得知，那里曾经是生产队在早期时候的参园，他发现的这苗参不是纯正野山参，应该叫林下参更准确，但此参是纯自然状态下生长的，形态特别漂亮，品质也与野山参无异。从那以后就对野山参产生了浓厚的兴趣。通过向有经验的老把头请教，逐渐地了解野山参的特征，也试探性地买过几棵野山参，还真挣到一些钱。后来就和牛庆龙走到一块儿了，对野山参有了更深入的了解后，就到其他村子放山的人家直接去收参，在实践中积累了一些野山参的经验。

据管恩友说，野山参基本都生长在原始森林中那些半阴半阳并且是针阔叶混交林里，透光度在25%～40%为最好，腐殖土层稍薄些更适合野山参的生长，腐殖土层太厚太肥野山参不容易活。再说，凡是符合人参生长的环境和条件，也是野生动物生存的空间，虫咬鼠嗑野猪拱，甚至一抔野生动物的粪便，都能要了野山参的命，再就是野山参生长周期

先扫封底二维码
下载专用软件
鼎e鼎扫码看视频
朝阳采访放山人

长，这些都是造成野山参稀少的原因。

管恩友说，收参人一定要掌握野山参的特征，根据经验就能判断出野山参的抬参地点、参龄、阴阳向背等。尤其野山参，从碗到芦上有小刺儿的年头长，须上有小珍珠疙瘩也是年头长的特征，就像人老了皮肤有皱纹一样的道理，不到年头是不会出现珍珠疙瘩的。

另外，相同年龄的纯正野山参和林下参形态也是不一样的，山参籽货和园参籽货的特征也是有区别的。在抚松新屯镇大东村就有一片30多年的林下参，是当年生产队那时候种的，总面积二三十亩，品相好的能有25克重，现在市场价格一棵参也能卖到1.5万～2万元，性质基本和野山参一样了。

所谓靠山吃山，纯正野山参也好，林下参、园参也罢，长白山用他广袤的资源哺育了山脚下一代又一代人，人们也穷其智慧，放山、养参，取舍有度，永续循环，生生不息。

第四篇

—— DISIPIAN ——

加工食用应有方

加工食用应有方

精选，生晒，汽蒸，

入药，佐餐，美颜。

百草之王的性灵，

离地而愈弥珍，

哺天哺地哺人之魂。

人与参的关联，在光阴的脚步中漫延。

人们可以，亦然可做，

尽参之灵性，用参之奇效，

念参之神魄，此为参尽其用。

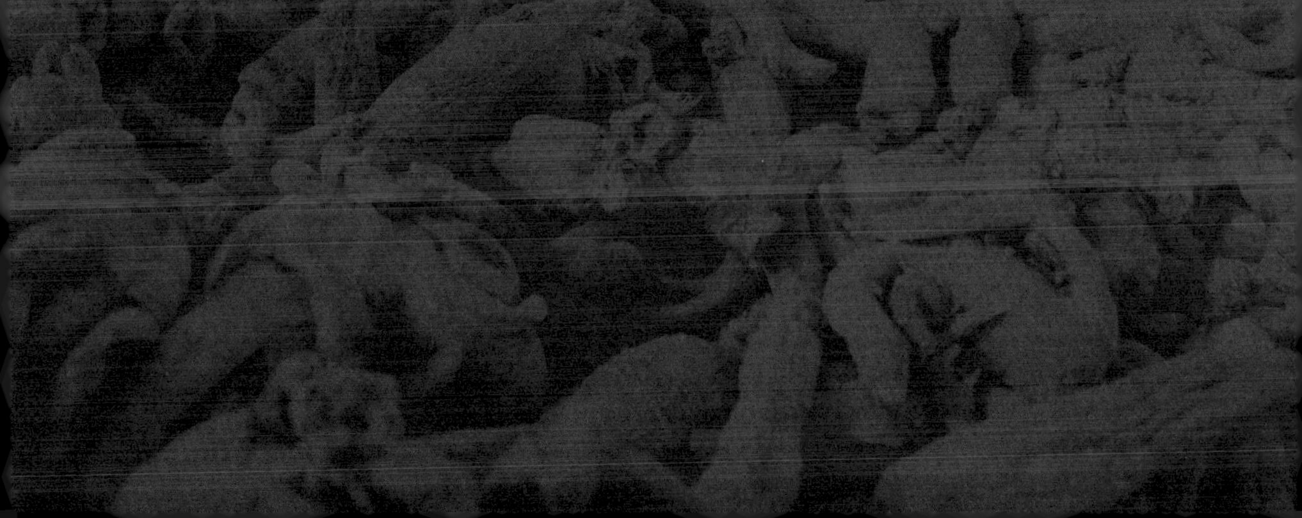

长白山脚下的人参初加工厂

长白考察加工厂

加工有历史,如今精工制

关于人参的加工,清·唐秉钧在《人参考》中对用多种加工方法炮制的人参做了记载。所列举的成品人参共40多个品种。

《鸡林旧闻录》记载:加工时,需将人参置沸水中焯过,再以小毛刷将表皮刷净,并用白线小弓之弦将人参纹理中的泥土清除。将冰糖溶化,把人参浸入糖汁中1~2天,再蒸熟,取出用火盆烤干。这种加工方法,应属于加工掐皮参和糖参的较早记述。糖参作为商品,大约是在清朝晚期问世。

1949年以后，在商品人参中有山参、生晒参、全须生晒参、红参等。在人参加工漫长的历史过程中，形成了独特的加工方法。

今天我们所看到的这些长白山人参都到哪里去了呢？带着这个疑问，2014年9月18日18点，我特意来到位于长白县城郊区的一个人参初加工厂考察。原来，长白马鹿沟镇这些人参种植基地生产的人参，作货后当天晚上就被送到人参加工厂连夜进行清洗处理。

过去的年代，人参产量有限，参农起参后都是各自在家手工清洗，然后拿到市场上交易。每年人参作货季节基本都是白露之后，此时的长白山区气温也随着季节的变化而温差较大，白露到秋分时节，水温已经很凉了，那个时候也没有橡胶手套之类的，洗人参全靠女人的一双手。这些山区妇女虽然脸上饱经沧桑，刻满了岁月的痕迹，可奇怪的是，那双成天泡在水中洗人参的双手却

精选分类

很少有皲裂现象，并且细腻光滑白净，这也是人参对人有护肤功能最好的证据。随着人参种植面积的增加，产量的提高，用人手工已经无法胜任清洗工作了，于是现代洗参机便应运而生。经过多年的实践改进，现在的洗参技术已经非常成熟，带着长白山泥土的鲜人参从入口倒入，从出口就流淌出洁白的人参。

这些被连夜清洗好的人参接下来还会如何处理呢？

第二天一大早，我们又来到这个加工厂考察。昨天连夜清洗出来的人参被女参工们严格认真地挑选分类，空姚心慨下疤痕品相好的做全须生晒参或全须红参的原料，稍次略有瑕疵的去须做生晒参，生锈的参去须后再单独精心处理，参须也可以做成生晒须或红参须，各有妙用。当然了，我们看到的这只是人参初加工的几种基本形式。

据史料记载："二月、八月上旬采

现代洗参机

精挑细选

根,竹刀刮,暴干,勿令见风。"南北朝(420-581年)《本草经集注》梁·陶弘景。

《新修本草》《本草图经》记载,人参加工一直以生晒参为主,这种加工方法从唐代至宋代历经600余年。

全须生晒参就是把挑选出来品相好的全须参排列摆放,去掉水分就可以了。全须参装箱前还有个自然回潮的过程,就是装箱头天晚上,把晒好的人参置于室外,使人参降温,第二天早晨,人参就会吸收空气中的水分而软化,这样再装箱时就会尽可能地少断须。这也是参农在长期实践中想出来的妙招。

关于红参的加工也很有讲究的。

据史料记载:"紫团参,紫

全须生晒参

全须生晒参

大而稍扁。"《本草蒙荃》明·陈嘉谟（1486－1565年）。紫，是紫团参的颜色，大而稍扁则是紫团参的形体特征。说明紫团参是经过蒸制、加工后所获得的新型人参——红参。

"人参以八九月间者为最佳，生者色白，蒸熟辄带红色。红而明亮者，其精神足，为第一等。凡掘参者，一日所得晚即蒸，次晨晒于日中，干后有大小、红白不同，非产地之异，故土人贵红贱白。"《宁古塔纪略》清·萨英额。

"卖水参国人恐难以久，遂煮熟卖之。"《大清王朝事略》。

现代加工方式已经有了很大进步，由过去的木桶蒸参变成了现代的不锈钢

先扫封底二维码
下载专用软件
鼎e鼎扫码看视频
长白人参加工厂

人参洗净入屉制作红参

蒸锅,无论怎么改进,其基本原理是相通的,只是容积大和小之别,加上了一些温度、湿度等监控设备。进入蒸锅前,将清洗选择好的全须人参均匀摆放在适宜的木制方屉之中,因为人参进锅蒸后会软化,所以不宜叠压,以人参头触屉底、须朝上倾斜摆放即可,共用2.5小时,上屉蒸汽80℃→停30分钟→加热100℃→2小时→焖(30~40分钟)→降温→出锅。当然了,去须参或人参须也是可以做成红参的,只是人参的摆放方法和蒸的时间有所区别。然后就是将蒸好的红参烘干、晾晒到成品装箱。

我嗅了一下,长期蒸参的木制方屉都散发出浓浓的人参香气,这里就连空气中都是人参成分,更何况是与人参多次接触煎熬的木制方屉。

　　黄泽成说,他们这个加工厂有位管理者,以前脸上经常起疙瘩,后来,他在加工人参的季节在这个院子里工作了一段时间,结果脸上的疙瘩没吃药就好了,再也没犯过。这里空气中都是人参成分,喘气都是保健,要不咋说多吃人参能提高免疫力呢?只要别过量,每天吃一点,成年人每天别超过3克,常年吃,一定能够长寿。

　　《神农本草经》早就有记载:"人参味甘,微寒,主补五脏,安精神,定魂魄,止惊悸,除邪气,明目,开心益智,久服轻身延年。"这说明人参只有久服,天天吃,才能够健康长寿,不是吃根人参须子管八年,老祖宗早就有定论了。今天的生活条件允许,人人都能吃得起人参,那我们还等待什么?

牛晒参

个须生晒参

洗晒蒸煮浸，加工讲究多

人参加工经历的主要历史阶段

鲜参（早期）→生晒参（早期）→白干参（南北朝）→红参（明朝）→糖参（清朝晚期）

传统加工方式

刷水子→选参→晒参或蒸参→包装

现代加工方式

参加工控制室→洗参→选参→蒸参→包装

紫鑫药厂内 人参深加工

紫鑫药业的深加工车间，现代化车间，全不锈钢设备。操作规范而标准，仔细又认真。

紫鑫药业人参蜜片制作

提取车间：

共4个罐，茎叶切段→煎煮提取→过滤→贮存→高位罐→大孔树脂吸附→酒精溶解→回收→干燥→喷雾·减压→人参皂苷

大孔树脂吸附→滤出杂物→吸附的叶绿素→脱色

末端：提取浓缩一体→回收酒精→皂苷（膏状）→水分·有效成分

红参：

时间：9月初，重量：500千克/锅，共2.5小时

蒸汽80℃→停30分钟→加热100℃→2小时→焖（30~40分钟）→降温→出锅

红参片：

红参→软化（约25~30分钟）→切成红参片

蜜片：

选料→均匀（直径2厘米）→不能有疤痕、破损→掰掉须→第二遍（人工洗）→切片→蜜70℃→1~2小时→泡一宿→二遍→烘干→包装

紫鑫药业现代化的生产车间

集安大边条参

神效食之需有方

古人人参巧应用

宋·苏颂《图经本草》

详细记载了人参的植物形态特征、习性等,还记载了运用实验方法来证明人参的独特功效:"欲试人参者;当使二人同走,一与人参含之,一不与,急走三、五里许,其不含人参者必大喘,含者则气息自如。"说明人参具有补益气力之功。

清·魏之琇《续名医类案》

据《续名医类案》记载：一妪年七旬，伤寒，昏沉，口不能言，眼不能开，气微欲绝。与人参五钱煎汤，徐徐灌之，须臾稍省。欲饮水，煎渣服之，顿愈。又十年乃卒。

人参的化学成分

人参含有多种皂苷、多种氨基酸、挥发油类、糖类和维生素类等。

1. 皂苷类：人参皂苷系人参皂苷元与糖类的结合物。

2. 挥发油类：主要有倍半萜类、长链饱和酸、芳香烃类。

3. 氨基酸和肽类：含有多种氨基酸和多肽物质。

4. 糖类：分为单糖类、低聚糖类、三糖类、多糖类。

5. 其他成分：含有维生素类、微量元素、山柰酚、三叶豆苷和人参黄酮苷。

人参除含有皂苷成分以外，还含有醚溶性成分、水溶性成分。

由于生态环境与人参生长年龄的不同，其皂苷含量亦有差异，野生人参的皂苷含量高于栽培人参一倍左右。

生长22年的集安大趴货

参藏长白山　雅贤楼茶文化

人参的神奇功效

1. 强筋壮骨，增生精子和壮补肾阳。

2. 增强红细胞的繁殖能力，提高人体的免疫功能。

3. 双向调节人的血压。

4. 增强新陈代谢，延缓人体衰老，预防阿尔茨海默病。

5. 抑制肿瘤。

6. 激发人体表皮细胞的活性。

7. 增强头发抗拉度。

8. 治贫血、神经官能症、更年期综合征和冠心病。

9. 双向调节人体血糖，治疗糖尿病。

10. 减轻酒精对肝脏的伤害。

11. 增加食欲，促进睡眠。

12. 减少恶性胆固醇，增加良性胆固醇。

13. 治疗头疼、风寒症，促进血液循环。

14. 防止血栓形成、溶解血栓，防止动脉硬化。

15. 延缓皮肤老化、濡养保护皮肤。

16. 预防感冒。

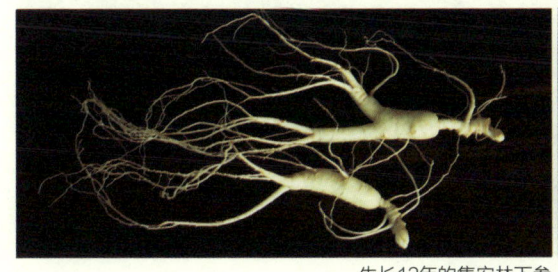

生长12年的集安林下参

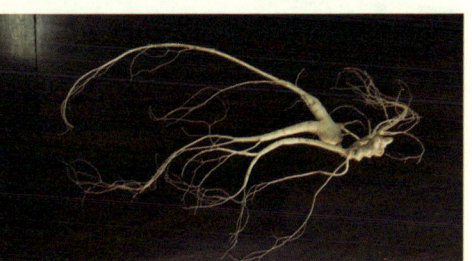

生长16年的林下参

不同人群需有别

1. 老年人。一年四季都可以服用人参。蒸服、嚼服、吞服、冲服为宜；一般每日限3克。进入秋冬以后，可以采用泡服和炖服的方式，以增加机体抵御寒冷的能力。

2. 中青年人。在劳累、大病、熬夜之后及有精神压力之时服用。一般以嚼为主，一盏茶的时间即可恢复体力，振奋精神，宜选用红参、生晒参。

春夏时节的日常保健，可采用保鲜人参蒸服，每日用量在2克以内。

秋冬以后，宜用红参、生晒参，可采用嚼服、冲服、泡服等方式，每日用量2克以内。

3. 儿童。健康儿童不需要吃人参滋补。

紫鑫药业的红参制作

雅肯楼馆藏人参酒

秋冬以后,南方人习惯给孩子们吃一些人参汤等补品。因为秋冬季节南方湿冷,吃人参汤会给孩子的身体增加热量,可以抵抗当地的寒冷。中医认为小儿龟背、鸡胸、五迟(立迟、行迟、发迟、齿迟、语迟)、五软(头软、项软、手脚软、肌肉软、口软)基本因虚弱所致,这些情况都可以服用人参。

人参可以嚼服、冲服、吞服,每日不过2克为宜。

紧急时刻可嚼服

1. 遭遇意外事故时,为防止大量出血,减轻疼痛和休克。
2. 产妇临盆无力时。
3. 体力透支、过度疲劳,在体力和精力难以为继时。
4. 乘坐车船、飞机,眩晕呕吐时。
5. 饮酒过量时。
6. 会议讲话时间过长,口干舌燥时。

人参与美容护肤

1. 用人参萃取物洗头,能防止脱发,对于损伤的头发有修补作用。
2. 用人参液洗浴,对皮肤有延缓老化、抗粗糙的作用。同时还能抑制面部色素生成,减轻黄褐斑。
3. 用人参雪花膏护肤,能使皮肤细嫩光滑,并能保护皮肤不受太阳辐射的伤害。
4. 将鲜人参切成薄片,贴于面部皱纹处,20分钟揭下,经常使用可减少皱纹的生成,保持皮肤弹性。

紫鑫药业生产的红参阿胶糕

人参吃法学问多

1. 蒸服。将人参切片,6~9克,加适量的水和冰糖,瓷碗隔水以文火炖透,连汁带渣一起吃。
2. 吞服。可分两种:将人参研成末,日服一次,每次2~3克,或以水研调成稀糊服用。
3. 泡服。亦称浸酒服。
4. 冲服。将3~5克人参片置于杯中,倒入开水闷泡10分钟,饮服。

加·工·食·用·应·有·方

紫鑫药业的人参产品鲜人参

紫鑫药业红参

紫鑫人参蜜片

5. 嚼服。直接嚼服人参切片。
6. 炖服。冬至以后，人参炖母鸡，老年人用。
7. 煮服。将一支白参称碎置入砂锅加水煎至浓汁，加入一匙蜂蜜，晨饮一杯。
8. 红参切段，含服。

紫鑫药业人参酵素

紫鑫药业的人参产品——参呼吸

紫鑫药业的人参产品

凡间美味人参宴

1. 人参猴蘑狗肉锅：利五脏，助消化，治神经衰弱，壮元阳补胃气，除湿暖身，益智增寿。
2. 人参灵芝煲兔肉：滋阴养心，益气补血疏肝。
3. 参龙汽锅：强筋壮骨，补肾益精。
4. 人参炖猪腰：益气补肾。
5. 人参羊肉火锅：大补元气，补脾益肺，宁神益智，生津止渴。
6. 人参天麻汤：舒筋活血，提高抗病力，治疗偏头痛、四肢麻木。

长白双珍

人参炖鸡

佳佳福

参园庆丰收

拔丝人参

长白双珍

踏雪寻宝

兰花人参糕

人参金中宝

参茸绿豆糕

人参饼干

参藏长白山 ｜雅贤楼茶文化｜

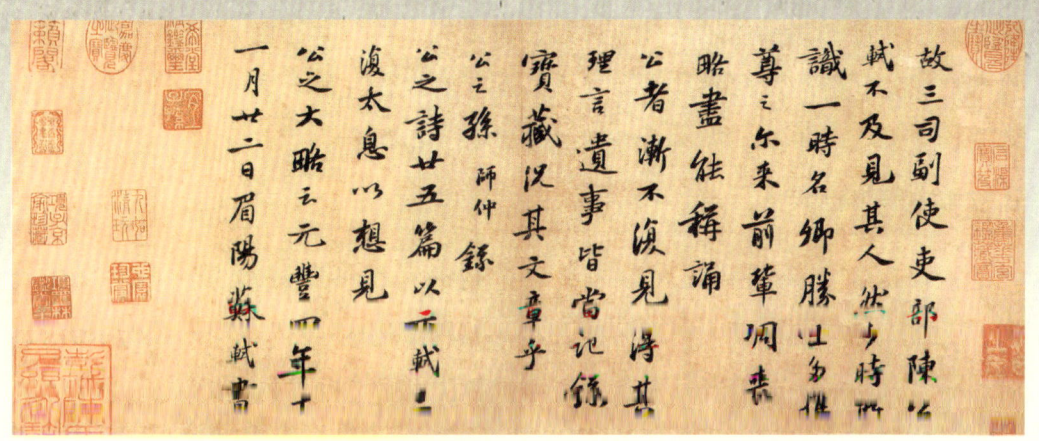

名人赠亨皆喜之

苏东坡与人参

苏轼不仅嚼化人参,还亲自在广东惠州罗浮山上栽培过人参。他在《小圃五咏·人参》诗中曰:"糜身辅吾生,既食首重稽。"诗意说,人参牺牲了自己,来帮助我活命,强健了身体,我以最庄重的臣之跪拜礼,向你叩头致谢。由此可见,苏轼久服人参得益之大。

雍正十三年八月二十五保和殿大学士张廷玉为采人参事上奏

雍正九年,由户部发给官商郭正义参票刨采人参,因刨采两年人参出产稀少,奏准暂停一二年休息山林,休息山林之处,严行禁止刨采人参,紧要之处设卡并派官兵巡逻缉拿偷往刨参之人。每年拿获偷往刨参之人二三百名,虽有零合区之参二三千两,而未拿获不知有若干。臣愚意,应行官票刨采人参,偷往刨采之弊自行禁止。

清代医家唐秉钧撰《人参考》中记载的"秧参"栽培方法:"掘成大沟,上搭天棚,使不日,以避阳光,将参移种于沟内……""种参之圃名曰参营……"这些描述证明当时人参栽培面积和技术居于世界领先地位。

清代唐秉钧著《人参考》记述:栽培人参首先从移山参开始,叫"移参",即人们采挖野生人参时取年限未足者,移种野林之下或家园背阴处,经若干年长成,其成品叫"移参"。其后才发展为采种子进行播种栽植。在清代就有山东、河北破产农民进入长白山老林深处采挖人参,有的偷采偷运,有的终年不出山林。对参龄不足者,采取在窝棚前后移植,或在大树下培植,数年

体态优美的林下参

之后取之。在清代时刨夫入山必须交纳官参,挖不到野山参就将移植的参充当官参。

乾隆与人参

清朝《人参上用底簿》:"自乾隆六十二年十二月初始,至乾隆六十四年正月初三止,皇上共进人参三百五十九次。"

清乾隆帝画像

慈禧与人参

慈禧太后经常吃人参,主要吃的方法是噙化,《慈禧光绪医方选议》记载了慈禧吃人参的情况:"自(光绪)二十六年十一月二十三日起,至二十七年九月二十八日止,皇太后每日噙化人参一钱,共噙化人参二斤一两八钱。"

慈禧太后

作者在橘子洲头毛泽东雕像前

毛泽东与人参的情缘

　　毛泽东对人参非常感兴趣，经常把人参赠送给亲朋好友和外国友人。1950年，杨开慧母亲向振熙八十大寿，毛泽东派毛岸英回家乡送上人参、鹿茸和衣料。同年，毛泽东把东北地区一个代表团敬献的长白山珍贵人参，转送时任中央人民政府副主席张澜，这苗珍贵野山参长20多厘米，参龄200年以上，现珍藏在重庆市中药研究院。1953年齐白石90岁生日时，毛泽东补送四样礼品中包括一苗精装的东北野山参。

神农本草论人参

《神农本草经》是中医四大经典著作之一,作为现在最早的中药学著作约起源于神农氏,代代口耳相传,于东汉时期集结整理成书,成书亦非一时,作者亦非一人,是秦汉时期众多医学家搜集、总结、整理当时药物学经验成果的专著,是对中国中医药的第一次系统总结。其中规定的大部分中药学理论和配伍规则以及提出的"七情和合"原则在几千年的用药实践中发挥了巨大作用,是中医药药物学理论发展的源头。

在《神农本草经》中关于人参有这样的记载:"人参味甘,微寒,主补五脏,安精神,定魂魄,止惊悸,除邪气,明目,开心益智。久服轻身延年。"

主补五脏,五脏(心、肝、脾、肺、肾)属阴,六腑(胃、大肠、小肠、胆、三焦、膀胱)属阳。精神不安,魂魄不定,惊悸不止,目不明,心智不足,都是因为阴虚阳亢所扰。今五脏得人参甘寒之助,则有定之、安之、止

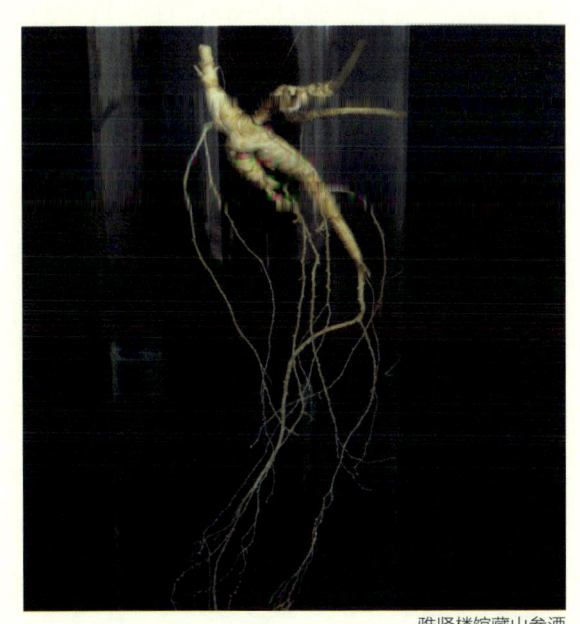

雅贤楼馆藏山参酒

之、除之、明之、开之、益之的效果。这里所说的"除邪气",不是针对外邪而言,而是阴虚而壮火食气,火即为邪气。《黄帝内经》讲风、寒、暑、湿、燥、火,谓之"六淫"。这些"虚邪贼风"应该"避之有时",加上"恬淡虚无"的心境,达到"病安从来"之目的。今五脏得人参甘寒之助,功而补阴,故曰"主补五脏"则邪气消除。

古代医圣之论对人参之功也不相同,如《神农本草经》说人参微寒,李时珍说生则寒熟则温,附会之甚,这与时代变迁应该有很大关系。《神农本草经》成书于汉代,那时人参主生长区域在中原的太行山区。时过境迁,明代中原已无人参,主生长区已迁移到东北长白山脉,不同的地域特点造就出不同的物种品质,犹如茶树的"适应性"与"适制性",茶树被人类从古巴蜀地区发现并应用之后,伴随着人类的脚步走出古巴蜀地区,适应不同地区的地域特点长成了不同的形态,造就了不同的茶树品种,也就有了千奇百怪的各种茶类。人参也是这样,只是人参生长条件极其苛刻,可适合人参生长条件的区域很小,目前只有东北的长白山区适合种植人参这种神奇的百草之王。

这里所说人参主补五脏,到底怎么补的?

我们在电视剧《刘老根》中看到有这样一个情景,刘老根的山庄里有个土中医叫李宝库,主要工作是为山庄调配药膳。有一次李宝库与刘老根讨论如何用人参做药膳,上来就背"人参味甘,大补元气,止咳生津,调营养卫"。刘老根听后不解地问:"人参是甜的吗?我吃咋是苦的?"李宝库是个读了一些

医学书本的土中医，吭哧半天也没整出个所以然来。

其实，李宝库背诵的"人参味甘，大补元气，止咳生津，调营养卫"这里的人参，指的是上党参，上党就是现在山西太行山一带，那里最早是生长人参的，所以唐代茶圣陆羽在《茶经》中才有"上者生上党，中者生百济、新罗，下者生高丽"人参等次之论，太行山区的地域特点与东北长白山有很大区别，所产人参性质也不一样。太行山区的人参早已经绝迹，但党参我们还是能看到的，由此可知，"味甘"的参应该是党参。

刘老根说的苦味的人参指的是长白山人参，长白山人参味儿苦，我们都知道，苦味儿入肾，起"补"的作用，"滋阴益气，固本培元"的固本，就是补肾，肾精不漏而充盈，这就是人能否长寿的物质基础。

《神农本草经》所说的"主补五脏"首先应该是补肾。肾为水，肾水充足则能生肝胆木，肝胆健康才能盛血藏魂，血亦为生命之本；肝胆木则生心火，这里的心指的是心包，心包健康则益脾健胃，脾胃为土，脾胃健康则生肺气金，肺气金盛又能生肾水。如此，北方肾水生东方肝胆木，东方肝胆木生南方心火，南方心火生中央脾胃土，中央脾胃土生西方肺金，西方肺金生北方肾水，反之则相克。

唐代茶圣陆羽在《茶经》中篇有"体均五行去百疾"之论，茶圣陆羽讲的是常喝茶能五行相生相克，平衡就会百病不生。这里所述长白山人参"主补五脏"也是五行生克之理。

人参按照食品毒性六级分级法规定属二级实际无毒范围，其毒性远不及大蒜、马铃薯、八角茴香等。其实，对于一种物质有毒无毒的判断，量的掌握很重要，犹如食盐，大量摄入也会死人的，水喝得太多也会得病一样，适量很重要。人参古论"无毒"，可放心适量应用。

前面讲过，长白山人参味苦入肾，补肾则固精，精足方能在元神的作用下炼精化气而产生神。故曰"安精神"。

何谓"止惊悸"？

惊字的繁体字是"驚"，本意是骡马等因为害怕而狂奔起来不受控制。对于人来说就是害怕，精神受了突然刺激而紧张不安。悸是因为害怕而自觉心跳。惊和悸对人来说都是有害的，而食用人参就可以"止惊悸"。

前文讲过，长白山人参味苦入心固肾，肾精充盈不漏就有了物质基础，肾为水，肝为木，水生木，故肾水生肝木，肝开窍于目，肾气足则肝气盛，自然达到"明目"之目的。心为火，木生火，肝木生心火，故而"开心"，不憋屈。肾主志，这里的志是指对过去的记忆，又指对未来的图谋，说一个人的智力水平高不高，与这个人的记忆力有很大关系，因为肾脏与记忆有直接关系，所以固肾可"益智"。

古人在医学实践中虽然总结出人参有"主补五脏，安精神，定魂魄，止惊悸，除邪气，明目，开心益智，久服轻身延年"这些功效，但并不知道人参到

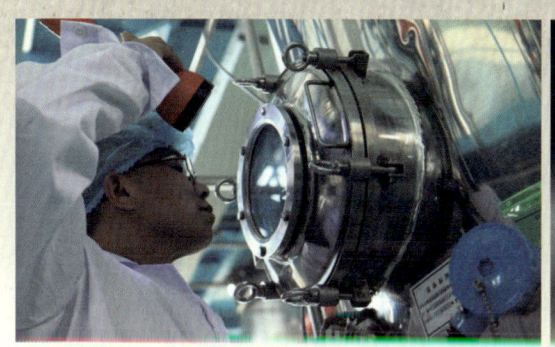
作者在紫鑫药业人参深加工车间考察

作者在紫鑫药业人参酵素生产车间考察

底内含哪些成分。

现代科学研究证明，人参重要成分是人参皂苷，它是一种醇类化合物，三萜皂苷，被视为人参中的活性成分。人参皂苷影响了人体多重代谢通路，所以其成分也是很复杂的。

迄今为止，科研工作者已从人参根中至少分离提取到30种人参皂苷单体。这些皂苷单体的药理作用并不完全一致。

Rh2：具有抑制癌细胞向其他器官转移、增强机体免疫功能、快速恢复体质的作用。对癌细胞具有明显的抗转移作用，可配合手术服用增强手术后伤口的愈合及体力的恢复。人体吸收率约16%，最高含量为16.2%。

Rg：具有兴奋中枢神经，抗疲劳，改善记忆与学习能力，促进DNA、RNA合成的作用。

Rg1：可快速缓解疲劳，改善学习记忆，延缓衰老，具有兴奋中枢神经，抑制血小板凝集作用。

Rg2：具有抗休克作用，快速改善心肌缺血和缺氧，治疗和预防冠心病。

Rg3：可作用于细胞生殖周期的G2期，抑制癌细胞有丝分裂前期蛋白质和ATP的合成，使癌细胞的增殖生长速度减慢，并且具有抑制癌细胞浸润、抗肿瘤细胞转移、促进肿瘤细胞凋亡、抑制肿瘤细胞生长等作用。

Rg5：抑制癌细胞浸润，抗肿瘤细胞转移，促进肿瘤细胞凋亡，抑制肿瘤

作者在紫鑫药业人参酵素包装车间考察

紫鑫药业现代化的生产车间

细胞生长。

Rb1：西洋参（花旗参）的含量最多，具影响动物睾丸的潜力，亦会影响小鼠的胚胎发育，具有增强胆碱系统的功能，增加乙酰胆碱的合成和释放以及改善记忆力作用。

Rb2：对DNA、RNA的合成有促进作用，可调节大脑中枢神经，具有抑制中枢神经、降低细胞内钙、抗氧化、清除体内自由基和改善心肌缺血再灌注损伤等作用。

紫鑫药业生产的人参皂苷

Rc：人参皂苷–Rc是一种人参中的固醇类分子，具有抑制癌细胞的功能。可增加精子的活动力。

Rb3：可增强心肌功能，保护人体自身免疫系统；可以用于治疗各种不同原因引起的心肌收缩性衰竭。

Rh：具有抑制中枢神经、催眠作用，镇痛、安神、解热、促进血清蛋白质合成作用。

Rh1：具有促进肝细胞增殖和促进DNA合成的作用，可用于治疗和预防肝炎、肝硬化。

Ro：具有消炎、解毒、抗血栓作用，抑制酸系血小板凝结以及抗肝炎作用，活化巨噬细胞作用。

纵观中国人参的应用，已经有4000多年的历史，多为帝王将相的保健药品，故而价格昂贵，百姓食之不起。当代长白山栽培型园参种植已经很普及，所以，平民百姓才有机会享受到百草之王——人参这种天赐灵物。由于以往人参是作为药材面世的，且古书中均为大补之物，所以百姓日常食之很少，且不得其法，通常也就是喝汤、炖鸡、泡酒、生吃等等这些方法。

人参对人体的大补作用的前提是"久服"，不是吃一顿管八年，经常服用才有效果。既然是经常服用，一些通常的喝汤、炖鸡、泡酒、生吃等用法就不太具备普遍性，谁家能成天用人参煮"独参汤"、人参炖小鸡、喝人参酒或生吃人参？这些方法可用，但不能天天用，也就是不能"久服"，这样效果就不好。所以我们又把东北的人参与云南的普洱茶"嫁接"起来，开发出人参普洱茶。即便是人参酒也不能天天喝，但茶是可以天天泡的，我们在很方便地泡茶的同时，不但享受到了泡茶的乐趣，又"久服"了人参。

人参有以上这么多好处，如果日常大家以喝人参普洱茶这种形式，就既能吸收到茶的营养，又可"久服"人参。历代医书药典均认为人参可大补元气，补脾益肺，补养气血，安神定志，所以才能使人"轻身延年"，达到健康养生的目的。

南北不同人皆宜

我国地域辽阔,东西南北中,植物、动物、人物各不相同。按照《黄帝内经·素问·异法方宜论》篇第十二记载,以黄河中游地区为中心,各个方位的人由于地域、气候、饮食等方面的不同,会得不同的病,并有不同的施治方法。各方位的人有什么不同呢?

以南方、北方人为例。

南方离位属火,即所谓"天地之所长养,阳之所盛也"。我国幅员辽阔,南方温暖潮湿,无霜期长,有些地方全年都是无霜期,生活这个区域的人们,气温高则多汗,汗水乃消耗人体宝贵肾精所化的体液,汗流得越多,肾精消耗就越大,日久则肾亏,

所以南方人日常最习惯煲各种各样的汤,在所煲汤中添加各种滋阴的补品,当然也离不开东北的人参。前面讲过,长白山人参味苦入肾,肾亏得人参之补达到滋阴壮阳的保健作用。

北方坎位属水,所谓"天地所闭藏也"。北方寒冷干燥,无霜期短,以吉林长白山区为例,每年只有半年甚至更短的无霜期,生活在这个区域的人们,常年处在"风寒冰冽"的环境之中,气温低则汗少,汗水少自然就不会消耗人体宝贵的肾精了,日常生活中北方人很少有经常煲汤的习惯,肾不亏则人参用得就少,尤其阳气正盛的东北年轻人,不太适宜食用人参,所以北方人肾气要明显强于南方,皆因气候环境所致。

我们在中医药典中可以看到人参有"滋阴益气，固本培元"之功效。肾为人之本；又言"骨为肾之余"，肾精充足才能发育骨骼，所以，按照《黄帝内经·上古天真论》的说法，女人14岁、男人16岁虽然性征发育成熟，但不宜过早去消耗肾精去完成生育，而是在肾精的推动下生长骨骼，所以，女人要长到21岁，男人要长到24岁，身体发育健壮了，才可结婚繁衍后代。由此可见，南方人由于常出汗消耗肾精导致肾亏，没有更多的肾精去健壮骨骼，所以个子相对北方人较矮；而北方人汗液少，不用消耗更多的肾精去转化体液，因而骨骼健壮，个子长得也比较高。

所以说，南方人适合更早地增补人参以"固本"，可以长期食用人参产品，北方人待阳气衰弱便可食用人参补元气了。

无论是医学典籍记载、民间逸事，还是现代医学考证，都明确了人参药用与食用的巨大价值。无论是从人的各年龄层面来看，抑或是从南北差异来讲，人参都是居家保健的上上之品。而今，随着人参种植技术的普及推广，被誉为百草之王的人参也从高高的殿堂之上，走入了寻常百姓之家，使广大百姓深受其益，乃我辈之幸，民族之幸！

尾声 从未来到未来

3年时光,1000多个日夜,一个探索的信念,一群较真的汉子,我们"参藏长白山"考察团结束了一次完整的寻参之旅。在对文献资料、考察日志整理的过程中,我不止一次回忆起寻参的整个过程,从人参园地选择整理、种子发芽、播种、移栽、掐花、收籽、作货等人参种植的全过程,到跟着老把头"放山";从走访加工厂,考察人参的深加工情况,到采访当地参农的各种与人参有关的人文逸事……研究人参已经成为我此时此刻的最大兴趣,或许还将影响我未来的文化传播方向。

随着《参藏长白山》的出版发行,长达3年的跟踪考察告一段落,我达成所愿,给关注、喜爱并想深入了解长白山人参的朋友们提供些有价值的资料,也算是为我的家乡尽了绵薄之力。

人参作为长白山的不老传奇,应该也一定能够绽放出绚丽的光影,而生活在长白山脚下的人们,也应该在保护人参生长环境、科学种植人参、开发使用人参、推广传播人参文化上做出更扎实有效的工作。善待自然给我们的馈赠,便是善待我们自己。

穿越古今的物种,于当代人来说,既是远古的"未来",又是"未来"的远古,它将生生不息见证更多天、地、人的故事。作为人与自然的沟通使者,

它的奥秘也将注定吸引更多人的目光。这便是此次探索的心得所在。

再次感谢在这3年之中帮助、支持我的考察队战友、朋友、亲人，此书是我们共同的智慧结晶，祝福各位幸福安康。

先扫封底二维码
下载专用软件
鼎e鼎扫码看视频
《参藏长白山》全视频

徐风龙 编著
在全国新华书店发行的茶文化书籍

◆

国家职业资格培训鉴定教材《茶艺师》2003年10月出版

◆

《在家冲泡工夫茶》2006年1月出版

◆

《饮茶事典》2006年5月出版，2007年3月第二次印刷，2007年6月第二版

◆

《寻找紫砂之源》2008年1月出版，2008年6月第二版
2012年3月第三版　2013年5月第四版

◆

《普洱溯源》2008年11月出版，2012年10月第二版，2013年5月第三版

◆

《识茶善饮》2009年1月出版，2009年8月第二版，2010年4月第三版
2011年1月第四版，2012年6月第五版，2013年5月第六版

◆

《中国茶文化图说典藏全书》2009年1月出版

◆

《第三只眼睛看普洱》2013年7月出版，2014年11月第二版

◆

《凤龙深山找好茶》2014年12月出版

◆

《深山寻古茶》2016年5月出版

◆

《人参普洱》2016年10月出版